来玩家家酒
遊戲吧!

小小廚師の
不織布料理教室

來玩家家酒遊戲吧！ **小小廚師の**
不織布料理教室
CONTENTS

Staff

統籌編輯●坂部 規明
協力編輯●ピンクパールプランニング
企劃・構成・作品設計●寺西 惠里子
作品製作●森留実子　室井 佑季子
　　　　　斎藤 由美子
作法插圖●池田 直子　奈良 緣里
　　　　　YU-KI　稲垣 結子
　　　　　うすい としお　澤田 瞳
攝影●奥谷 仁
Layout●NEXUS Design

P.13

漢堡
Hamburger

和果子
Wa-Sweets

P.14

料理
Cooking

P.16

P.20

造型便當
Lunch Box

餐廳
Restaurant

P.24

大阪燒
Okonomiyaki

壽司
Sushi

P.26

P.30

蛋糕
Cake

加上水果或奶油等，可以盡情享受裝飾樂趣的蛋糕。
使中間主體稍微往下預留一點空間是製作重點。
選擇喜歡的蛋糕自由裝飾吧！

作法 P.33至P.42

2

Variation

蛋糕完成後——
擺盤，下午茶開動囉！

配料豐富的
超豪華蛋糕！

水果塔的作法步驟 從後側的裝飾開始擺放。

Decoration

水果塔

準備多樣化的水果＆奶油餡，
就會更加豐富有趣喔！

草莓蛋糕

鳳梨蛋糕

橘子蛋糕

巧克力蛋糕

奶油蛋糕

奇異果蛋糕

橘子塔

蛋糕
Cake

下午茶扮家家酒

製作各式各樣的蛋糕，
舉辦一場下午茶套餐的家家酒派對吧！

Variation

簡單變換杯子的內容物，
拿鐵咖啡秒變抹茶拿鐵……

作法 P.40

餅乾
Cookie

比真正的餅乾尺寸稍小一點的可愛餅乾。
背面附有魔鬼氈,
也可黏貼在小房子上。

以天鵝絨布
包覆整個房子。

Variation

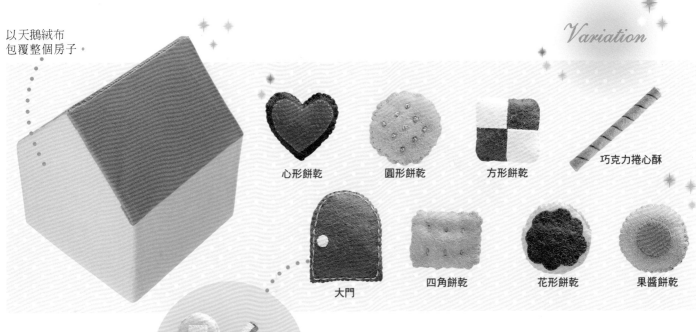

心形餅乾　　圓形餅乾　　方形餅乾　　巧克力捲心酥

大門　　四角餅乾　　花形餅乾　　果醬餅乾

餅乾背面附有
魔鬼氈。

將屋頂裝飾上各種餅乾!

打開屋頂蓋,
內裡可以收納餅乾喔!

作法 P.43至P.47

餅乾屋

方形餅乾的窗戶！
以自己的喜好盡情布置吧！

鬆餅
Pancake

一起來玩烤鬆餅遊戲！
別忘了準備水果喔！還要製作瓦斯爐＆平底鍋……
將鬆餅翻面，煎出美味的金黃色吧！

製作美味的鬆餅！

準備瓦斯爐……

放上平底鍋！

放進鬆餅麵皮……

重疊兩片！

完成！

放在盤子上！

放上糖漿＆奶油，擺放水果進行裝飾。

煎完翻面。

作法 P.48至P.52

甜甜圈
Doughnut

這裡有各式各樣的超人氣甜甜圈。
挑選自己喜愛的口味開始製作，
度過歡樂的下午茶時光吧！

放進袋子
就可以販售囉！

Variation

彩色巧克力米甜甜圈

心形甜甜圈

法國卷甜甜圈

全部放入箱子中！

巧克力淋醬甜甜圈

波提甜甜圈

花生甜甜圈

豐盛的甜甜圈！

製作愈多種類愈好玩！
你也試著作出獨家限定款的甜甜圈吧！

三明治
Sandwich

準備製作培根萵苣三明治囉！
在麵包間依序夾入配料即可完成。

麵包

萵苣

培根

起司

作法 P.56至P.58

漢堡
Hamburger

超豪華雙層漢堡登場！
依喜好包夾內餡吧！

將漢堡加上外帶包裝，
來玩速食店扮家家酒遊戲吧！

漢堡麵包

番茄

起司

荷包蛋

萵苣

洋蔥

漢堡肉

作法 P.57至P.61

和菓子
Wa-Sweets

柔軟的不織布最適合製作可愛的日式點心了！
就連涼糕也不忘灑上花生粉呢！
搭配上日式瓷器的擺盤，冰淇淋也能呈現出和風感。

作法 P.62至P.64

水果蜜豆冰

在中心位置放入冰淇淋搭配水果，
還有橘子片喔！

葛餅

將三角形葛餅
裝飾上美味的花生粉。

丸子串

櫻花、抹茶和白玉，
配色非常的可愛喔！

15

除了豐富的蔬菜，還有美味的肉＆魚！
這是可以裁切的魔鬼氈設計食材配件，
搭配菜刀＆切菜板，一起來玩料理遊戲吧！

蔬 菜

切成一半。

魚

從中間橫向切開，進行片魚。

肉 排

煎成美味的金黃色後，
就切開享用吧！

最愛的扮家家酒！

簡單切開，動手作料理。
切半的番茄可以作成健康沙拉喔！

作法 P.64至P.71

開始練習切菜的刀工吧！

放在切菜板上，
從中間對切一半！

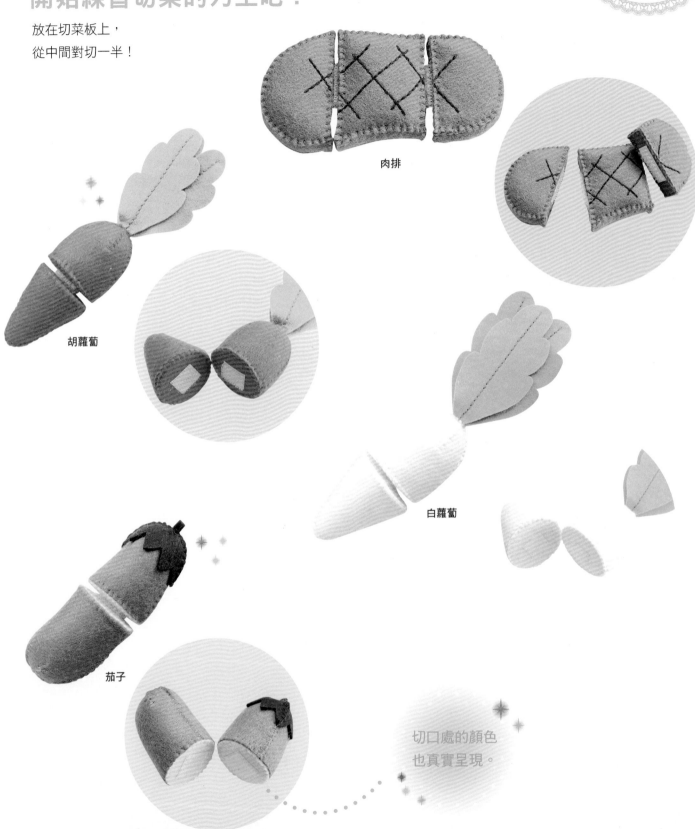

肉排

胡蘿蔔

白蘿蔔

茄子

切口處的顏色
也真實呈現。

18

魚

將切開的食物組合起來
也很有趣。

番茄

馬鈴薯

切菜板＆菜刀

蘆筍

內裡夾入厚透明資料夾。

造型便當
Lunch Box

加上花朵或汽車飾片等，
讓製作過程更加有趣的造型便當。
搭配自己喜歡的食材，
完成後一起去戶外踏青吧！

Variation

準備三種類的飯、四種造型裝飾，
還有各式各樣的配菜……
就能作出豐富變化的便當！

微笑造型便當

車子造型便當

花朵造型便當

小熊造型便當

作法 P.72至P.79

花椰菜

Variation

請各準備2個喔！

小番茄

小熊漢堡肉

水煮蛋

萵苣

毛豆

胡蘿蔔花片

燒賣

日式蛋捲

炸雞塊

小熱狗

開始製作美味的便當吧！

以筷子配菜更擬真，
或加入便當分隔紙裝飾也很不錯。

旗子也是
使用不織布製作。

Decoration

依喜好自由配置吧！

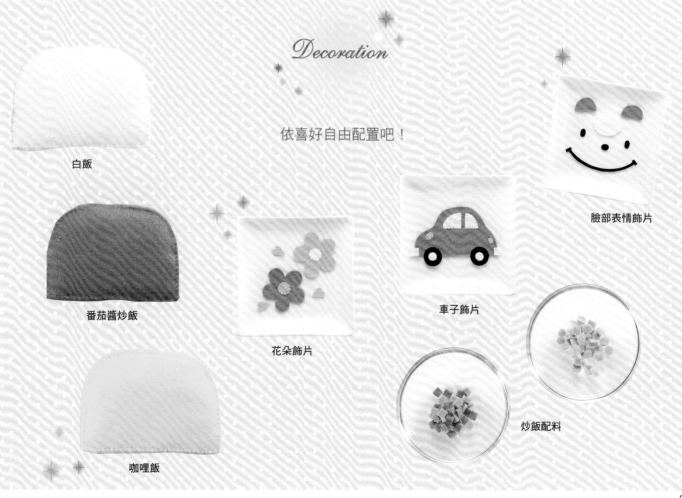

白飯

番茄醬炒飯

花朵飾片

車子飾片

臉部表情飾片

炒飯配料

咖哩飯

從主菜到甜點！
善用各種配料就可以擺出豐盛的一桌。
還可以訂製個人化料理喔！

When do you

of tea

作法 P.80至P.83

24

和風料理

美味的蒸魚。
濃厚的醬汁是主要重點。

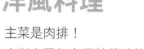

洋風料理

主菜是肉排！
也別忘了加上馬鈴薯沙拉。

甜點

冰淇淋＆水果。
依個人喜好，豪華地裝飾一番吧！

壽司
Sushi

除了超人氣壽司，還可以加點手捲海苔壽司！
搭配自己喜歡的配料一起製作，
放進喜愛的碗或盤子裡吧！

**手捲
海苔壽司**

海苔附有魔鬼氈，
包捲起來即可完全固定。

作法 **P.84至P.85**

醋飯的棉花分量少一點，
比較容易放上配料。

也可以打包裝盒喔！
將喜歡的壽司
外帶回家吧！

作法 P.86至P.91

27

一起動手作壽司！

備齊配料之後，就可以開始玩壽司遊戲囉！
豐富的食材非常有趣好玩喔！

手捲
海苔壽司

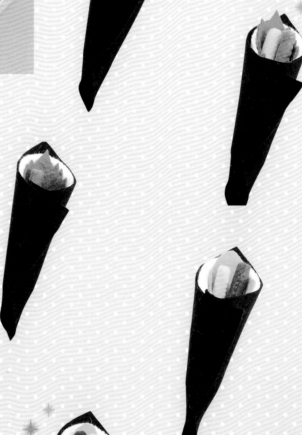

放上醋飯。

放上紫蘇。

放上鮪魚＆蛋條。

包捲起來，完成！

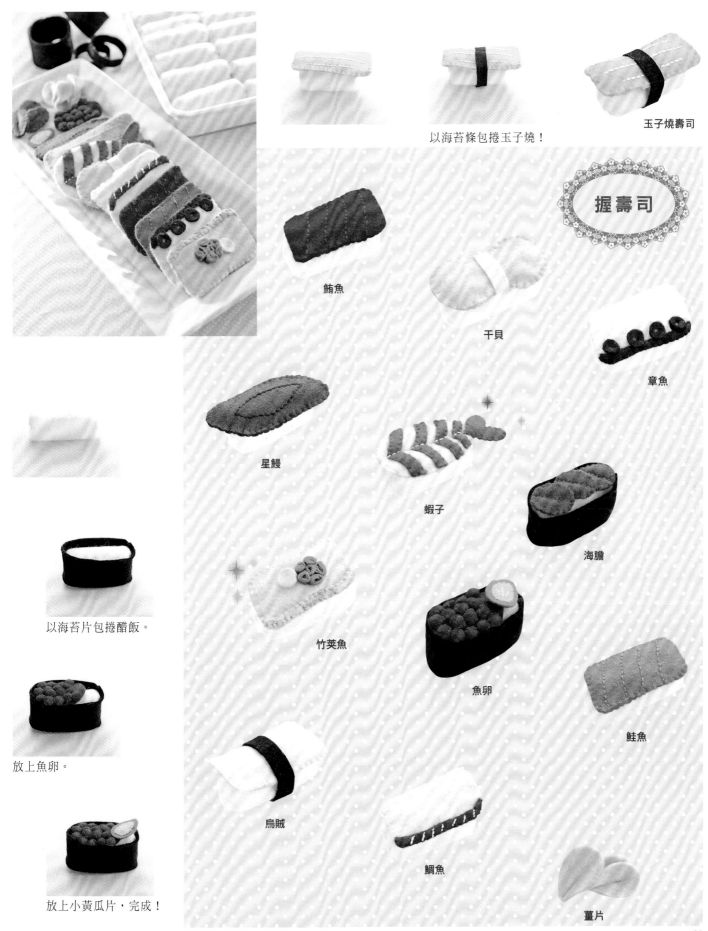

以海苔條包捲玉子燒！

玉子燒壽司

握壽司

鮪魚

干貝

章魚

星鰻

蝦子

海膽

以海苔片包捲醋飯。

竹莢魚

魚卵

放上魚卵。

烏賊

鮭魚

放上小黃瓜片，完成！

鯛魚

薑片

大阪燒
Okonomiyaki

製作美味的大阪燒一起享用吧！
夾入大量的高麗菜，
再淋上滿滿的沾醬＆美乃滋，完成！

作法 P.92至P.95

一邊作一邊玩！

準備
沾醬＆美乃滋！

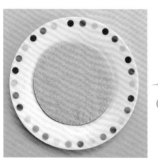

鋪上大阪燒麵片。

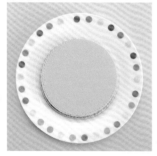

放上高麗菜。

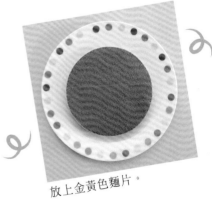

放上金黃色麵片。

放上沾醬！

完成！

準備青海苔
＆紅薑備用。

加上美乃滋！

一起動手作吧！

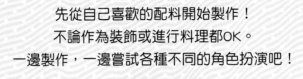

先從自己喜歡的配料開始製作！
不論作為裝飾或進行料理都OK。
一邊製作，一邊嘗試各種不同的角色扮演吧！

蛋糕

搭配蔬菜。

造型便當

搭配水果。

和果子

甜甜圈

三明治

餐廳

餅乾

料理

漢堡

壽司

使用瓦斯爐。

大阪燒

鬆餅

水果塔

材　料（1個）

不織布：<A>粉紅色20×10cm、白色10×10cm
　　　　<B>咖啡色20×10cm、奶油色10×10cm
25號繡線：<A>粉紅色・白色 各適量<B>咖啡色・奶油色 各適量
手工藝用棉花：各適量　厚紙：各10×5cm
緞帶（寬0.3cm）：<A>粉紅色30cm<B>奶油色30cm

作法

① 沿著周圍平針縫後縮縫。

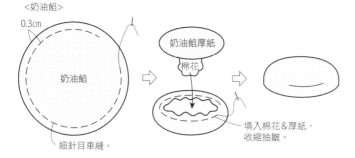

<奶油餡>
0.3cm
奶油餡
細針目車縫。
奶油餡厚紙
棉花
填入棉花&厚紙，
收縮抽皺。

② 貼合兩片塔皮（內側・外側）。

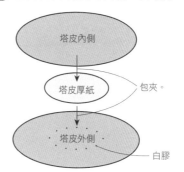

塔皮內側
塔皮厚紙
包夾。
塔皮外側
白膠

③ 將塔皮貼上奶油餡。

奶油餡
以白膠黏貼。
塔皮

④ 縮縫塔皮。

1cm
塔皮
車縫。
以白膠黏貼。
縮縫。

⑤ 接黏蝴蝶結緞帶，完成！

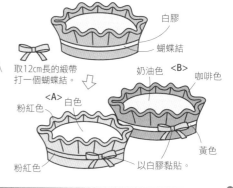

白膠
蝴蝶結
取12cm長的緞帶
打一個蝴蝶結。
奶油色 <B>
咖啡色
<A>白色
粉紅色
黃色
粉紅色
以白膠黏貼。

原寸紙型

※取1股與不織布相同顏色的25號繡線，進行細針目車縫。

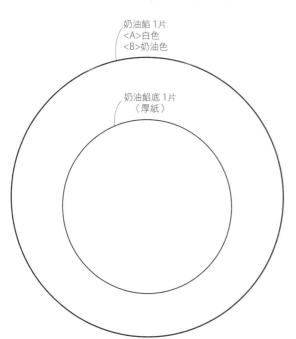

奶油餡 1片
<A>白色
<B>奶油色

奶油餡底 1片
（厚紙）

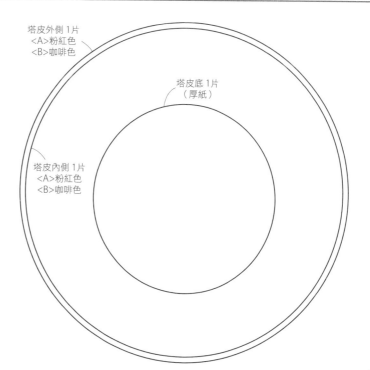

塔皮外側 1片
<A>粉紅色
<B>咖啡色

塔皮底 1片
（厚紙）

塔皮內側 1片
<A>粉紅色
<B>咖啡色

四角形蛋糕

材 料 （各1個）

不織布：<A>粉紅色15×10cm、白色20×15cm
　　　　<B>咖啡色15×10cm、奶油色20×15cm
25號繡線：<A>粉紅色・白色 各適量<B>咖啡色・奶油色 各適量
緞帶（寬0.3cm）：<A>水藍色30cm<B>白色30cm　**手工藝用棉花**：各適量

作法

原寸紙型

※取1股與不織布相同顏色的25號繡線進行捲邊縫。

① 縫製蛋糕內裡。

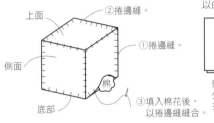

上面
②捲邊縫。
①捲邊縫。
側面
棉
底部
③填入棉花後，
以捲邊縫縫合。

② 縫製蛋糕外皮。

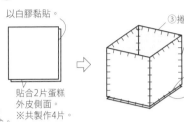

以白膠黏貼。
貼合2片蛋糕
外皮側面。
※共製作4片。

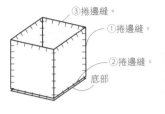

③捲邊縫。
①捲邊縫。
②捲邊縫。
底部

蛋糕外皮
底部 各1片
<A>白色
<B>奶油色

蛋糕內裡
上面・底部 各1片
<A>粉紅色
<B>咖啡色

③ 將蛋糕內裡放入外皮中。

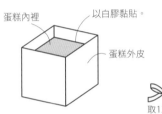

以白膠黏貼。
蛋糕內裡
蛋糕外皮

④ 接黏蝴蝶結緞帶，完成！

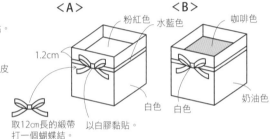

<A>
粉紅色　水藍色
1.2cm
取12cm長的緞帶
打一個蝴蝶結。
白色
以白膠黏貼。

<B>
咖啡色
奶油色
白色

蛋糕外皮
側面 各8片
<A>白色
<B>奶油色

蛋糕內裡
側面 各4片
<A>粉紅色
<B>咖啡色

圓形蛋糕

材 料 （各1個）

不織布：<A>奶油色15×10cm、白色20×15cm
　　　　<B>白色15×10cm、粉紅色20×15cm
25號繡線：<A>奶油色・白色 各適量<B>白色・粉紅色 各適量
緞帶（寬0.3cm）：<A>水藍色30cm<B>粉紅色30cm　**手工藝用棉花**：各適量

作法

原寸紙型

※取1股與不織布相同顏色的25號繡線
進行捲邊縫。

① 縫製蛋糕內裡。

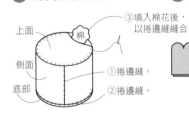

上面
棉
③填入棉花後，
以捲邊縫縫合。
側面
①捲邊縫。
底部
②捲邊縫。

② 縫製蛋糕外皮。

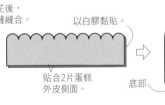

以白膠黏貼。

貼合2片蛋糕
外皮側面。
底部

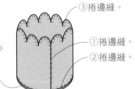

③捲邊縫。
①捲邊縫。
②捲邊縫。
底部

蛋糕外皮
底部 各1片
<A>白色
<B>粉紅色

蛋糕內裡
上面・底部 各1片
<A>奶油色
<B>白色

③ 將蛋糕內裡放入外皮中。

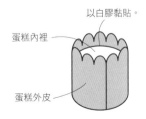

以白膠黏貼。
蛋糕內裡
蛋糕外皮

④ 接黏蝴蝶結緞帶，完成！

取12cm長的緞帶
打一個蝴蝶結。

<A>
奶油色
1.2cm
水藍色
白色
以白膠黏貼。

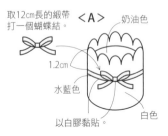

<B>
白色
粉紅色
粉紅色

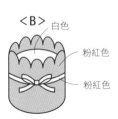

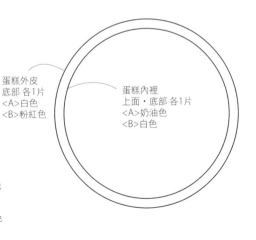

材 料（各1個）

不織布：<A>白色20×10cm、奶油色20×15cm
<B>粉紅色20×10cm、咖啡色20×15cm
25號繡線：<A>粉紅色‧白色 各適量<B>咖啡色‧粉紅色 各適量
緞帶（寬0.3cm）：<A>白色35cm<B>黃色35cm　**手工藝用棉花**：各適量

作法

原寸紙型

※取1股與不織布相同顏色的25號繡線進行捲邊縫。

❶ 縫製蛋糕內裡。

❷ 縫製蛋糕外皮。

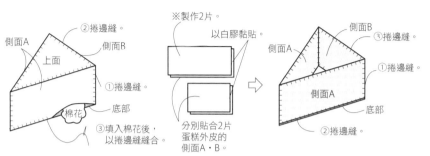

※製作2片。
以白膠黏貼。
分別貼合2片
蛋糕外皮的
側面A‧B。

側面A
②捲邊縫。
上面
側面B
①捲邊縫。
底部
棉花
③填入棉花後，
以捲邊縫縫合。

側面B
③捲邊縫。
側面A
①捲邊縫。
側面A
底部
②捲邊縫。

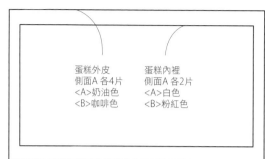

蛋糕外皮
側面A 各4片
<A>奶油色
<B>咖啡色

蛋糕內裡
側面A 各2片
<A>白色
<B>粉紅色

蛋糕外皮
側面B 各2片
<A>奶油色
<B>咖啡色

蛋糕內裡
側面B 各1片
<A>白色
<B>粉紅色

❸ 將蛋糕內裡放入外皮中。

❹ 接黏蝴蝶結緞帶，完成！

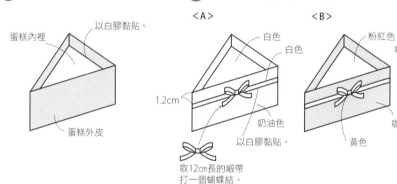

以白膠黏貼。
蛋糕內裡
蛋糕外皮

<A>
白色
白色
1.2cm
奶油色
以白膠黏貼。

取12cm長的緞帶
打一個蝴蝶結。

<B>
粉紅色
咖啡色
咖啡色
黃色

蛋糕外皮
底部 各1片
<A>奶油色
<B>咖啡色

蛋糕內裡
上面‧底部 各1片
<A>白色
<B>粉紅色

圓形蛋糕外皮
側面 各2片
<A>白色
<B>粉紅色

圓形蛋糕內裡
側面 各1片
<A>奶油色
<B>白色

P2 蛋糕
奶油

材 料 （各1個）
不織布：<大>粉紅色・白色 各10×10cm <小>粉紅色・白色 各5×5cm
25號繡線：<大・小>粉紅色・白色 各適量

作法

❶ 串連&縫合不織布尖端，完成！

原寸紙型

※取1股與不織布相同顏色的25號繡線進行縫製。

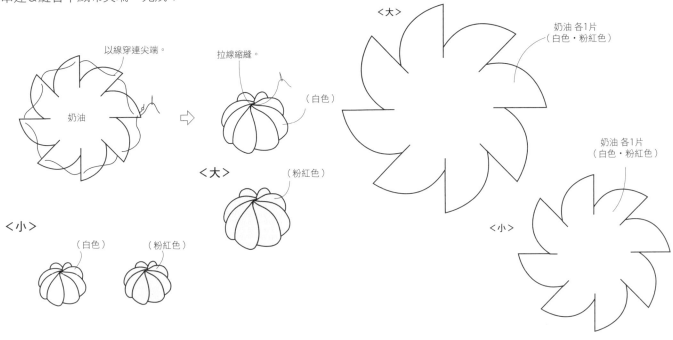

以線穿連尖端。　奶油　拉線縮縫。　（白色）　<大>　（粉紅色）　<小>　（白色）　（粉紅色）

<大>　奶油 各1片（白色・粉紅色）　奶油 各1片（白色・粉紅色）　<小>

P2 蛋糕
玫瑰花

材 料 （各1個）
不織布：<A>粉紅色15×5cm <B>深粉紅色15×5cm <C>咖啡色15×5cm
25號繡線：<A>粉紅色 適量 <B>深粉紅色 適量 <C>咖啡色 適量

作法

❶ 沿著下緣平針縫。

玫瑰花
0.3cm　細針目車縫。

❷ 縮縫抽褶後捲起。

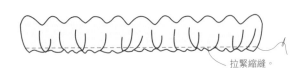

拉緊縮縫

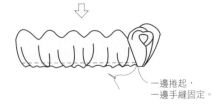

一邊捲起，一邊手縫固定。

❸ 整理形狀，完成！

<A>（粉紅色）　<B>（深粉紅色）　<C>（咖啡色）

原寸紙型

※取1股與不織布相同顏色的25號繡線進行細針目車。

玫瑰花 各1片　（粉紅色・深粉紅色・咖啡色）

P.2 蛋糕
草莓

材 料 （1個）
不織布：深粉紅色10×5cm・綠色 適量
25號繡線：深粉紅色・綠色・白色 各適量
手工藝用棉花：適量

作法

① 刺繡後，接縫邊端。　② 縫合。　③ 加上果蒂，完成！

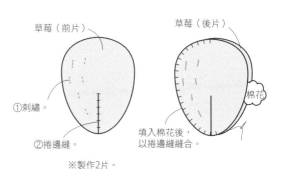

原寸紙型
※取1股與不織布相同顏色的25號繡線進行捲邊縫。

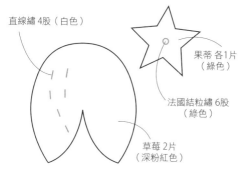

 P.2 蛋糕
樹莓／藍莓

材 料 （各1個）
不織布：<樹莓>深粉紅色20×5cm
　　　　<藍莓>紫色20×5cm
25號繡線：<樹莓>深粉紅色 適量
　　　　　<藍莓>紫色 適量

作法

① 車縫中心線。　② 縮褶＆捲曲成圓球狀，完成！

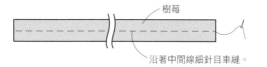

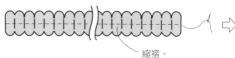

型 紙
※取1股與不織布相同顏色的25號繡線進行細針目車縫。

摺雙

樹莓／藍莓 各1片
（深粉紅色・紫色）

 P.2 蛋糕
櫻桃

材 料 （1個）
不織布：深粉紅色5×5cm
25號繡線：深粉紅色 適量
手工藝用棉花：適量　鐵絲（#22）綠色5cm

作法

① 沿著邊緣車縫。　② 填入棉花後縮褶。　③ 固定莖部，完成！

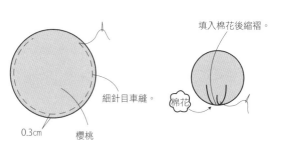

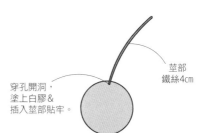

原寸紙型
※取1股與不織布相同顏色的25號繡線進行捲邊縫。

櫻桃 1片
（深粉紅色）

P.2 蛋糕
鳳梨

材 料（1個）
不織布：黃色10×5cm
25號繡線：黃色・白色 各適量
手工藝用棉花：適量

作法

❶ 刺繡。

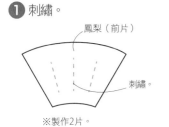

鳳梨（前片）
刺繡。
※製作2片。

❷ 包夾＆縫合側面，完成！

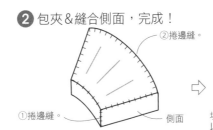

②捲邊縫。
①捲邊縫。
側面
填入棉花後，
以捲邊縫縫合。
棉花
鳳梨（後片）

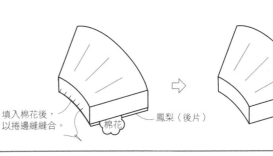

原寸紙型

※取1股與不織布相同顏色的25號繡線進行捲邊縫。

回針繡
3股
（白色）
鳳梨
2片
（黃色）

鳳梨
側面 1片
（黃色）

P.2 蛋糕
香蕉

材 料（各1個）
不織布：<A>奶油色10×5cm
　　　　<B>奶油色15×5cm
25號繡線：<A・B>奶油色・白色 各適量　　手工藝用棉花：各適量

作法

❶ 刺繡。

<A>
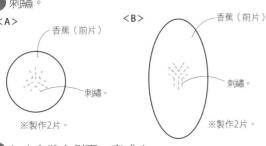
香蕉（前片）
刺繡。
※製作2片。

<B>
香蕉（前片）
刺繡。
※製作2片。

原寸紙型
※取1股與不織相同顏色的25號繡線進行捲邊縫。

<A>
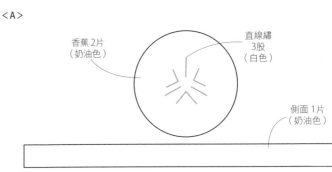
香蕉 2片
（奶油色）
直線繡
3股
（白色）
側面 1片
（奶油色）

❷ 包夾＆縫合側面，完成！

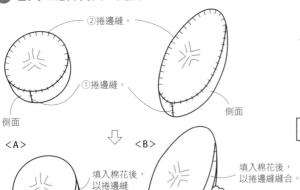

②捲邊縫。
①捲邊縫。
側面
側面

<A>
填入棉花後，
以捲邊縫
縫合。
棉花
香蕉（後片）

<B>
填入棉花後，
以捲邊縫縫合。
棉花
香蕉（後片）

<B>
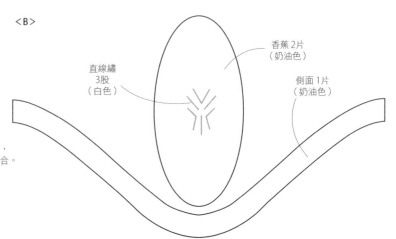
直線繡
3股
（白色）
香蕉 2片
（奶油色）
側面 1片
（奶油色）

蛋糕 奇異果

材 料（1個）

不織布：黃綠色10×5cm、白色 適量
25號繡線：黃綠色・白色・黑色 各適量　手工藝用棉花：適量

作法

❶ 刺繡。

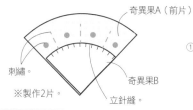

奇異果A（前片）
刺繡。
※製作2片。
奇異果B
立針縫。

❷ 包夾＆縫合側面，完成！

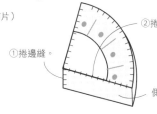

②捲邊縫。
①捲邊縫。
側面
填入棉花後，
以捲邊縫縫合。
棉花
奇異果A（後片）

原寸紙型

※捲邊縫・立針縫，皆取1股與不織布相同顏色的25號繡線進行縫製。

直線繡
3股
（白色）
奇異果A
2片
（黃綠色）
奇異果B
1片
（白色）
法國結粒繡
2股
（黑色）

奇異果
側面1片
（黃綠色）

蛋糕 橘子

材 料（1個）

不織布：橘色・白色 各10×5cm
25號繡線：橘色・白色 各適量　手工藝用棉花：適量

作法

❶ 刺繡。

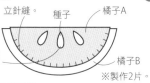

立針縫。
種子
橘子A
以白膠黏貼。
橘子B
※製作2片。

❷ 包夾＆縫合側面，完成！

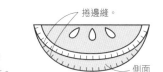

捲邊縫。
側面

填入棉花後，
以捲邊縫縫合。
棉花

原寸紙型

※捲邊縫・立針縫，皆取1股與不織布相同顏色的25號繡線進行縫製。

橘子A
2片
（橘色）
橘子B
2片（白色）
種子 各1片
（白色）

側面 1片
（橘色）

蛋糕 巧克力捲心酥

材 料（各1根）

不織布：<A>米色5×5cm <B>咖啡色5×5cm
25號繡線：<A>咖啡色<B>深咖啡色 各適量

作法

❶ 製作捲心酥。

巧克力
捲心酥

以白膠黏貼
包捲。

❷ 捲繞繡線，完成！

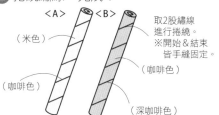

<A>（米色）（咖啡色）
<B>（咖啡色）（深咖啡色）
取2股繡線
進行捲繞。
※開始＆結束
皆手縫固定。

原寸紙型

巧克力捲心酥
各1片
（米色・咖啡色）

下午茶扮家家酒
杯子&茶飲

材　料 （1個）

<杯子>不織布：<A> 藍色20×15cm<B>粉紅色20×15cm
25號繡線：<A>藍色 適量<B>粉紅色 適量
蕾絲（寬0.8cm）：米色 各20cm
<茶飲>不織布<A・B>咖啡色 各20×15cm<C>淺粉紅色20×15cm
　　　　<D>淺綠色20×15cm
25號繡線：咖啡色・淺粉紅色・淺綠色 各適量　**手工藝用棉花**：適量

作法

① 刺繡。

原寸紙型

※取1股與不織布相同顏色的
　25號繡線進行捲邊縫。

② 接縫側面&水面&底邊。

③ 縫合側面&底部。

④ 貼上蕾絲&提把。

⑤ 將茶飲放入杯內，完成！

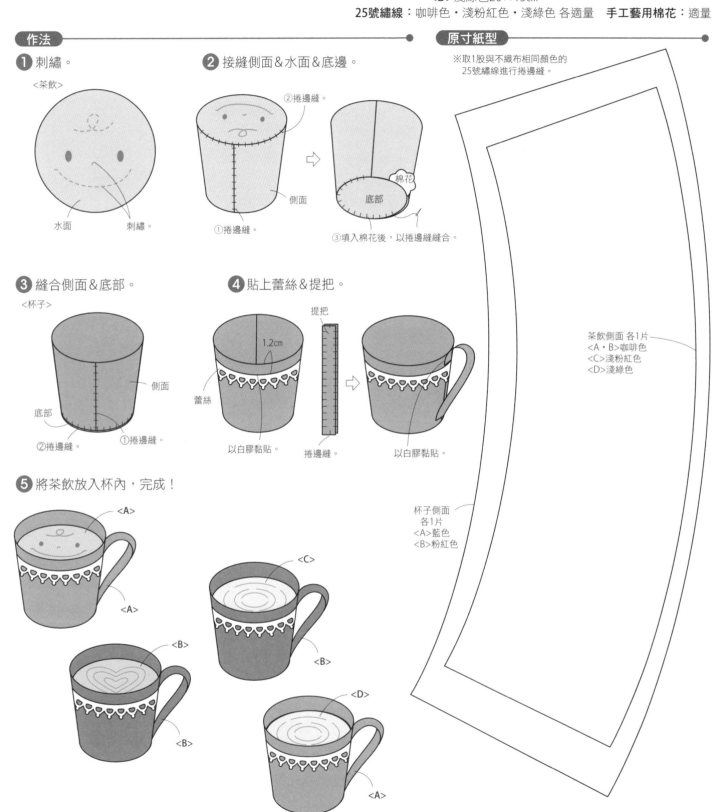

<茶飲>
水面　刺繡。

②捲邊縫。
①捲邊縫。
側面
棉花
底部
③填入棉花後，以捲邊縫縫合。

<杯子>
側面
底部
②捲邊縫。　①捲邊縫。

提把
1.2cm
蕾絲
以白膠黏貼。
捲邊縫。
以白膠黏貼。

<A> <A>
<B> <B>
<C> <B>
<D> <A>

茶飲側面 各1片
<A・B>咖啡色
<C>淺粉紅色
<D>淺綠色

杯子側面
各1片
<A>藍色
<B>粉紅色

可愛的蛋糕組合

四方形蛋糕 **P.34**
櫻桃 **P.37**
鳳梨 **P.38**
奶油 **P.36**

圓形蛋糕 **P.34**
奶油 **P.36**
巧克力捲心酥 **P.39**
草莓 **P.37**

P.34 四方形蛋糕
P.39 奇異果
P.36 玫瑰花
P.37 樹莓

P.34 圓形蛋糕
P.39 橘子
P.36 奶油
P.37 藍莓

 原寸紙型

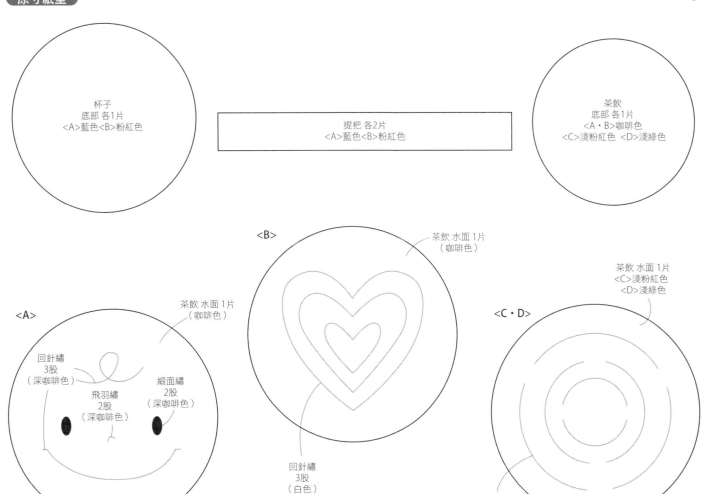

杯子
底部 各1片
<A>藍色 <B>粉紅色

提把 各2片
<A>藍色 <B>粉紅色

茶飲
底部 各1片
<A・B>咖啡色
<C>淺粉紅色 <D>淺綠色

<B>

茶飲 水面 1片
（咖啡色）

茶飲 水面 1片
<C>淺粉紅色
<D>淺綠色

<A>

茶飲 水面 1片
（咖啡色）

回針繡
3股
（深咖啡色）

飛羽繡
2股
（深咖啡色）

緞面繡
2股
（深咖啡色）

回針繡
3股
（白色）

<C・D>

回針繡
3股
（白色）

水果塔

P.33 塔皮

P.37 草莓

P.39 奇異果

P.37 藍莓

P.36 奶油

鳳梨蛋糕

P.34 圓形蛋糕

P.38 鳳梨

P.36 奶油

P.37 櫻桃

草莓蛋糕

P.34 四方形蛋糕

P.38 香蕉

P.36 奶油

P.37 草莓

橘子蛋糕

P.35 三角形蛋糕

P.39 橘子

P.36 奶油

P.39 巧克力捲心酥

奶油蛋糕

P.34 四角形蛋糕

P.37 櫻桃

P.38 鳳梨

P.36 奶油

巧克力蛋糕

P.35 三角形蛋糕

P.37 藍莓

P.36 玫瑰花

P.36 奶油

P.39 巧克力捲心酥

奇異果蛋糕

P.34 圓形蛋糕

P.39 奇異果

P.36 玫瑰花

P.37 樹莓

依喜愛配置，
製作個人的
獨創點心！

橘子塔

P.33 塔皮

P.39 橘子

P.37 樹莓

P.36 奶油

三角形蛋糕 **P.35**

橘子 **P.39**

樹莓 **P.37**

巧克力捲心酥 **P.39**

P.34 圓形蛋糕

P.36 奶油

P.37 櫻桃

P.36 玫瑰花

P.33 塔皮

P.37 草莓

P.39 奇異果

P.37 藍莓

P.36 奶油

材　料（1個）
不織布：深咖啡色15×10cm、白色 適量
25號繡線：深咖啡色・米色・白色 各適量
手工藝用棉花：各適量
魔鬼氈：白色 寬2.5cm 適量

作法

❶ 縫製門片。

❷ 縫上魔鬼氈。

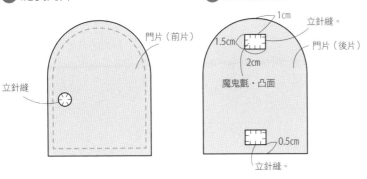

❸ 縫合兩片，完成！

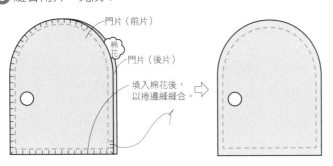

原寸紙型
※捲邊縫・立針縫・皆取1股與不織布&魔鬼氈相同顏色的
　25號繡線進行縫製。

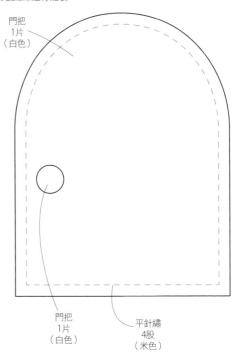

材　料（1個）
不織布：深咖啡色10×5cm、奶油色 5×5cm
25號繡線：深咖啡色・奶油色 各適量
手工藝用棉花：適量
魔鬼氈：白色 寬2.5cm 適量

作法

❶ 縫上方格紋。　❷ 縫上魔鬼氈。　❸ 縫合兩片，完成！

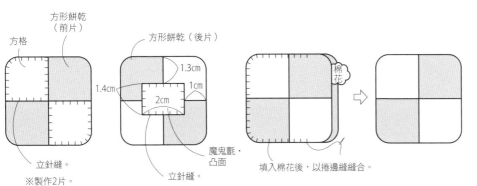

原寸紙型
※捲邊縫・立針縫・皆取1股與不織布&魔鬼氈相同
　顏色的25號繡線進行縫製。

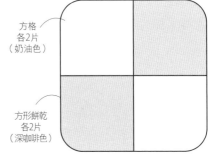

果醬餅乾

材 料 （1個）
不織布：咖啡色10×5cm、粉紅色 5×5cm
25號繡線：咖啡色・粉紅色 各適量
手工藝用棉花：適量　魔鬼氈：白色 寬2.5cm 適量

作法

❶ 縫上果醬餡。　❷ 縫上魔鬼氈。　❸ 縫合兩片，完成！

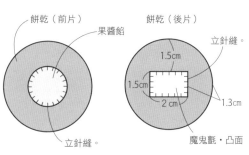

餅乾（前片）
果醬餡
立針縫。

餅乾（後片）
立針縫。
1.5cm
1.5cm
2 cm
1.3cm
魔鬼氈・凸面

填入棉花後，
以捲邊縫縫合。
棉花

原寸紙型

※捲邊縫・立針縫，皆取1股與不織布&魔鬼氈相同
顏色的25號繡線進行縫製。

餅乾
2片
（咖啡色）

果醬餡
2片
（粉紅色）

圓形餅乾

材 料 （1個）
不織布：黃土色10×5cm
25號繡線：黃土色 適量
手工藝用棉花：適量　魔鬼氈：白色 寬2.5cm 適量

作法

❶ 縫上魔鬼氈。　❷ 縫合兩片。　❸ 刺繡，完成！

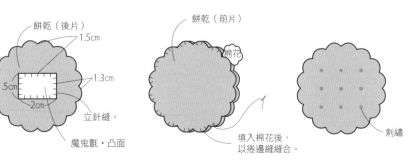

餅乾（後片）
1.5cm
1.5cm
1.3cm
2cm
立針縫。
魔鬼氈・凸面

餅乾（前片）
棉花

填入棉花後，
以捲邊縫縫合。

刺繡

原寸紙型

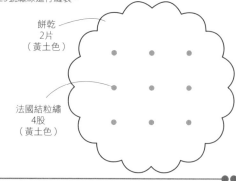

※捲邊縫・立針縫，皆取1股與不織布&魔鬼氈相同顏色的
25號繡線進行縫製。

餅乾
2片
（黃土色）

法國結粒繡
4股
（黃土色）

四角形餅乾

材 料 （1個）
不織布：淺咖啡色10×5cm
25號繡線：淺咖啡色 適量
手工藝用棉花：適量　魔鬼氈：白色 寬2.5cm 適量

作法

❶ 縫上魔鬼氈。　❷ 縫合兩片。　❸ 刺繡，完成！

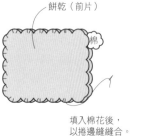

餅乾（後片）
立針縫。
1.5cm
1cm
1.5cm
2cm
魔鬼氈・凸面

餅乾（前片）
棉

填入棉花後，
以捲邊縫縫合。

刺繡

原寸紙型

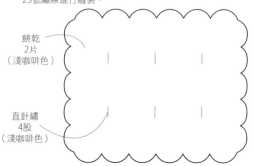

※捲邊縫・立針縫，皆取1股與不織布&魔鬼氈相同顏色的
25號繡線進行縫製。

餅乾
2片
（淺咖啡色）

直針繡
4股
（淺咖啡色）

P.6 餅乾
花形餅乾

材 料 （1個）
不織布：粉紅色10×5cm、深咖啡色5×5cm
25號繡線：粉紅色・深咖啡色 各適量
手工藝用棉花：適量　魔鬼氈：白色 寬2.5cm 適量

作法

① 縫上花形片。　② 縫上魔鬼氈。　③ 縫合兩片，完成！

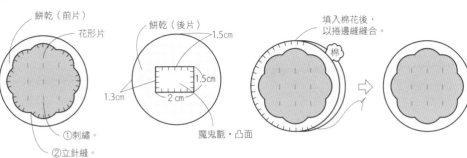

原寸紙型

※捲邊縫・立針縫，皆取1股與不織布&魔鬼氈相同顏色的25號繡線進行縫製。

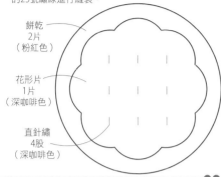

餅乾
2片
（粉紅色）

花形片
1片
（深咖啡色）

直針繡
4股
（深咖啡色）

P.6 餅乾
心形餅乾

材 料 （1個）
不織布：深咖啡色10×5cm、深粉紅色10×5cm
25號繡線：深咖啡色・深粉紅 各適量
手工藝用棉花：適量　魔鬼氈：白色 寬2.5cm 適量

作法

① 縫上心形片。　② 縫上魔鬼氈。　③ 縫合兩片，完成！

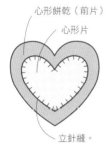 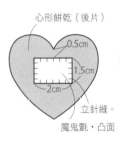 

原寸紙型

※捲邊縫・立針縫，皆取1股與不織布&魔鬼氈相同顏色的25號繡線進行縫製。

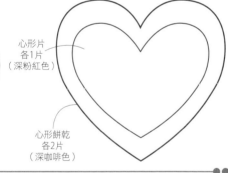

心形片
各1片
（深粉紅色）

心形餅乾
各2片
（深咖啡色）

P.6 餅乾
巧克力捲心酥

材 料 （1個）
不織布：深咖啡色15×10cm
25號繡線：深咖啡色・深咖啡色 各適量
手工藝用棉花：適量　魔鬼氈：白色 寬2.5cm 適量

作法

① 包捲不織布。　　② 捲繞繡線。　　③ 縫上魔鬼氈，完成！

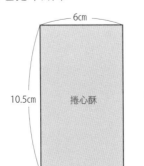 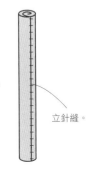 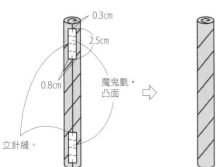

房子餅乾

材料（1個）

瓦楞紙：60×45cm
天鵝絨布：粉紅色40×15cm、灰色60×45cm
25號繡線：粉紅色・灰色 各適量
透明線：適量

作法

※取1股與天鵝絨布相同顏色的25號繡線進行捲邊縫。

① 裁切瓦楞紙。

前面・背面
各1片

側面
2片

11cm

16cm

底部
1片

16cm
16cm

屋頂
2片

11cm

16cm

② 裁切天鵝絨布。

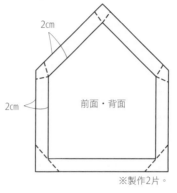

2cm

2cm

前面・背面

※製作2片。

2cm

側面

2cm

2cm

※製作2片。

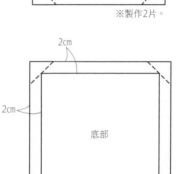

2cm

2cm

底部

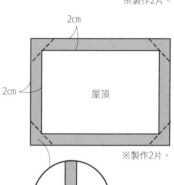

2cm

屋頂

2cm

※製作2片。

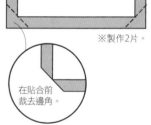

在貼合前
裁去邊角。

③ 貼合瓦楞紙&天鵝絨布。

此處以白膠
黏貼。

前面・背面

※製作2片。

瓦楞紙

底部

瓦楞紙

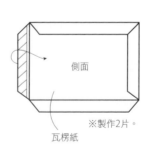

側面

※製作2片。

瓦楞紙

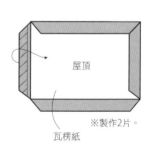

屋頂

※製作2片。

瓦楞紙

④ 組合。

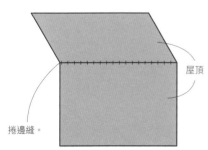

屋頂

捲邊縫。

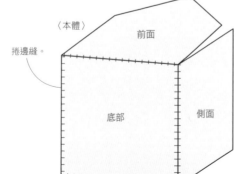

〈本體〉

前面

捲邊縫。

底部

側面

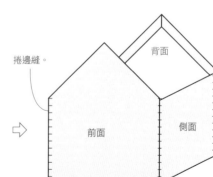

捲邊縫。

背面

前面

側面

5 接縫屋頂&本體。

屋頂

以透明線
進行捲邊縫。
※僅單側。

本體

6 貼上門片&餅乾,完成!

自由貼上。

原寸紙型

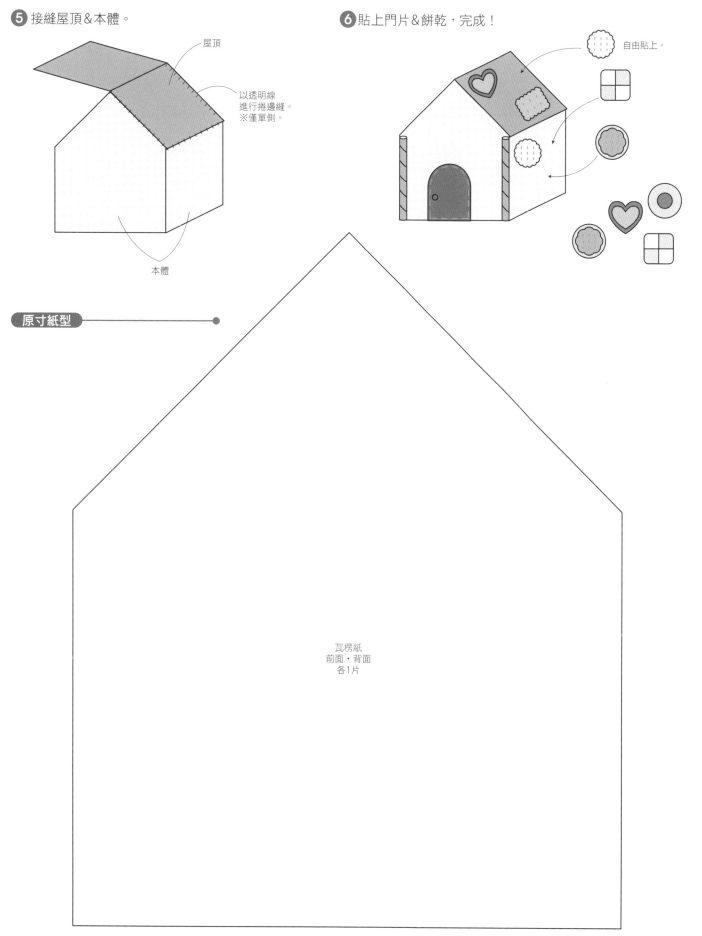

瓦楞紙
前面・背面
各1片

P.8 鬆餅 鬆餅

材 料（1個）
不織布：淺咖啡色15×15cm、咖啡色15×15cm
透明線：適量
手工藝用棉花：適量

作法

❶ 縫合，完成！

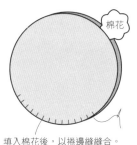

棉花

填入棉花後，以捲邊縫縫合。

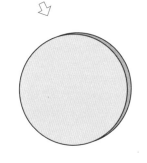

原寸紙型

※以透明線進行捲邊縫。

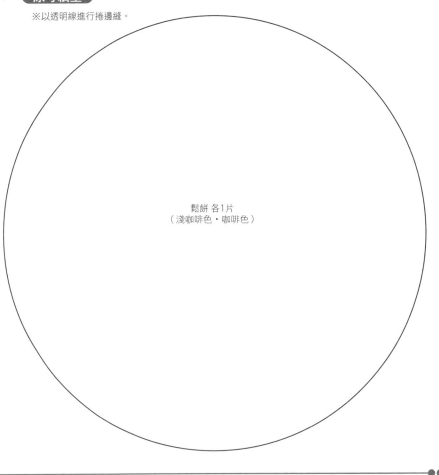

鬆餅 各1片
（淺咖啡色・咖啡色）

P.8 鬆餅 奶油

材 料（1個）
不織布：奶油色5×5cm
25號繡線：奶油色 適量
手工藝用棉花：適量

作法

❶ 接縫本體＆側面。

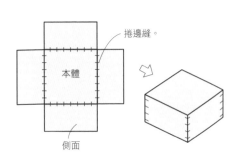

捲邊縫。

本體

側面

❷ 縫合本體，完成！

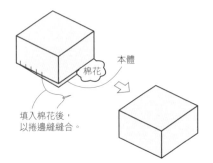

本體

棉花

填入棉花後，
以捲邊縫縫合。

原寸紙型

※取1股與不織布相同顏色的25號繡線進行捲邊縫。

奶油
本體 2片
（奶油色）

奶油
側面 4片
（奶油色）

鬆餅
糖漿

材料（1個）

不織布：深咖啡色20×10cm
25號繡線：深咖啡色 適量

作法

❶ 接縫本體，完成！

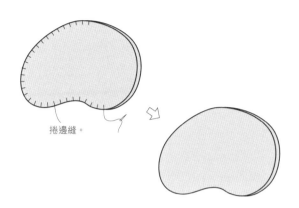

捲邊縫。

原寸紙型

※取1股與不織布相同顏色的
　25號繡線進行捲邊縫。

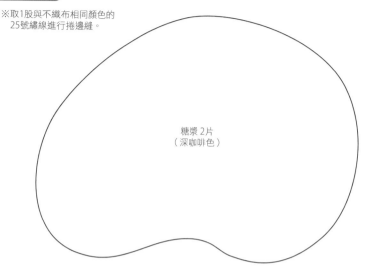

糖漿 2片
（深咖啡色）

鬆餅
鍋鏟

材料（1個）

不織布：灰色15×15cm、深粉紅色10×5cm、黑色5×5cm
25號繡線：灰色・深粉紅色・黑色 各適量
厚透明資料夾：20×15cm

作法

❶ 將本體縫上鍋鏟紋。

鍋鏟紋 ─
本體
立針縫。
※製作2片。

❷ 本體包夾透明資料夾進行接縫。

透明資料夾
捲邊縫。

❸ 貼上握柄，完成！

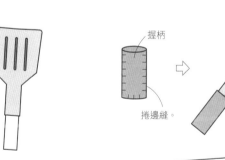

握柄
捲邊縫。
以白膠黏貼。

原寸紙型

※捲邊縫・立針縫，皆取1股與不織布相同顏色的25號繡線進行縫製。

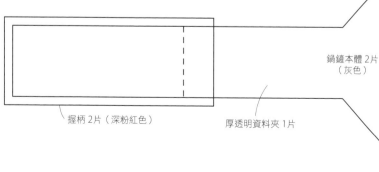

握柄 2片（深粉紅色）
厚透明資料夾 1片
鍋鏟本體 2片
（灰色）
鍋鏟紋 各2片
（黑色）

材　料（1個）

不織布：黑色20×20cm×2片、深粉紅色15×15cm
25號繡線：黑色・深粉紅色 各適量
瓦楞紙：40×10cm

作法

❶ 接縫側面&底部（外側）。

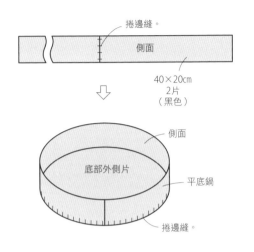

捲邊縫。

側面

40×20cm
2片
（黑色）

側面

底部外側片

平底鍋

捲邊縫。

❷ 側面貼上瓦楞紙。

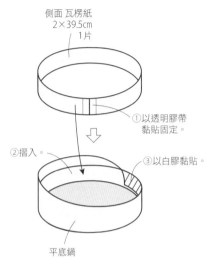

側面 瓦楞紙
2×39.5cm
1片

①以透明膠帶
黏貼固定。

②摺入。

③以白膠黏貼。

平底鍋

❸ 製作底部（內側）。

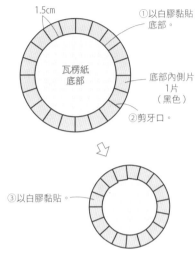

1.5cm

①以白膠黏貼
底部。

瓦楞紙
底部

底部內側片
1片
（黑色）

②剪牙口。

③以白膠黏貼。

❹ 貼上底部（內側）。

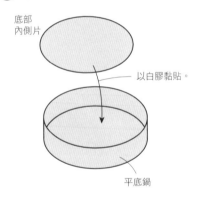

底部
內側片

以白膠黏貼。

平底鍋

❺ 製作握柄。

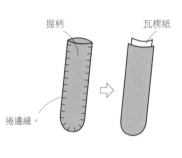

握柄

瓦楞紙

捲邊縫。

❻ 製作支撐架。

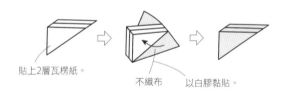

貼上2層瓦楞紙。

不織布

以白膠黏貼。

❼ 縫上握柄。

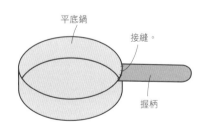

平底鍋

接縫。

握柄

❽ 貼上支撐架，完成！

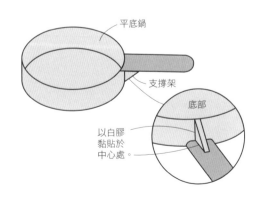

平底鍋

支撐架

底部

以白膠
黏貼於
中心處。

One Point
重點建議

善用白膠！

不織布用白膠、手工藝用
白膠、木工用白膠皆非常
便利。
除了以黏貼處理不易縫合處
之外，暫時固定時也可以
使用。

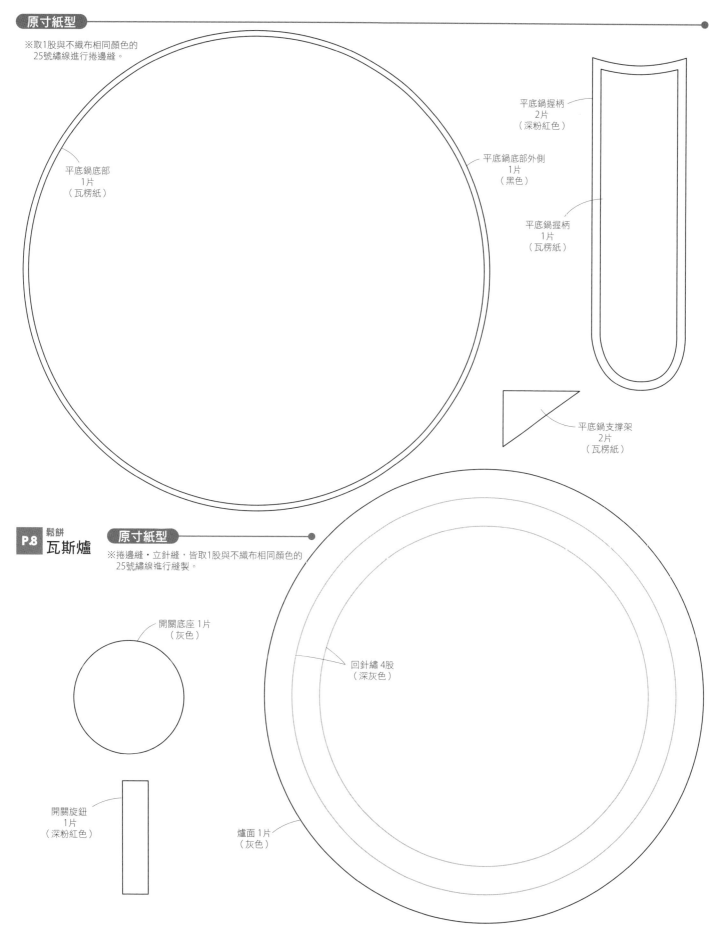

※取1股與不織布相同顏色的
　25號繡線進行捲邊縫。

平底鍋握柄
2片
（深粉紅色）

平底鍋底部外側
1片
（黑色）

平底鍋底部
1片
（瓦楞紙）

平底鍋握柄
1片
（瓦楞紙）

平底鍋支撐架
2片
（瓦楞紙）

P.8　鬆餅
瓦斯爐　　原寸紙型

※捲邊縫・立針縫，皆取1股與不織布相同顏色的
　25號繡線進行縫製。

開關底座 1片
（灰色）

回針繡 4股
（深灰色）

開關旋鈕
1片
（深粉紅色）

爐面 1片
（灰色）

材料 （1個）

瓦楞紙：40×30cm
不織布：橘色30×30cm×2片、灰色15×5cm、深粉紅色 適量
25號繡線：橘色・灰色・深灰色 各適量
寶特瓶蓋子：1個

作法

※原寸紙型參見P.51。

1 裁切瓦楞紙。

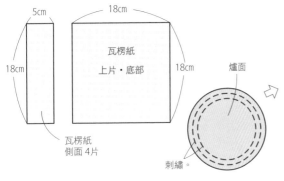

5cm
18cm
18cm
18cm
瓦楞紙
上片・底部
瓦楞紙
側面 4片
爐面
刺繡。

2 製作爐面＆重疊在上片不織布上。

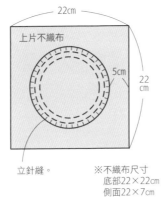

22cm
上片不織布
5cm
22cm
立針縫。
※不織布尺寸
底部22×22cm
側面22×7cm

3 貼合瓦楞紙＆不織布。

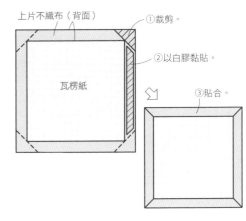

上片不織布（背面）
①裁剪。
②以白膠黏貼。
瓦楞紙
③貼合。

4 依相同方法貼合其他組件。

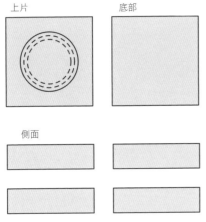

上片
底部
側面

5 接縫＆組合成型。

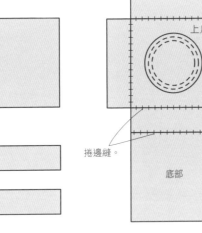
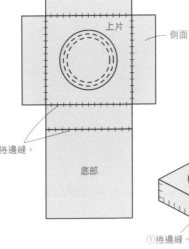

上片
側面
底部
捲邊縫。
①捲邊縫。
②捲邊縫。

6 製作開關。

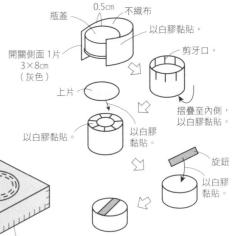

0.5cm
瓶蓋
不織布
以白膠黏貼。
開關側面 1片
3×8cm
（灰色）
剪牙口。
上片
摺疊至內側，
以白膠黏貼。
以白膠黏貼。
以白膠黏貼。
旋鈕
以白膠黏貼。

7 將瓦斯爐黏上開關，完成！

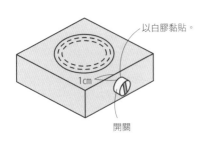

以白膠黏貼。
1cm
開關

水果鬆餅

P.38 鳳梨
P.38 香蕉
P.37 櫻桃
P.39 奇異果
P.39 橘子

依自己的喜好
搭配其他組合
也很有趣喔！

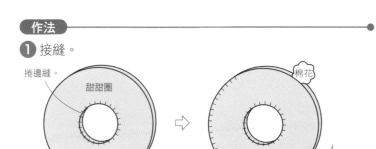

P.10 甜甜圈
花生甜甜圈

材 料 （各1個）

不織布：<A>咖啡色20×10cm<B>深咖啡色20×10cm
25號繡線：<A>咖啡色 適量<B>深咖啡色 適量
大珠珠：<A>白色・粉紅色 各適量<B>白色・奶油色 各適量
手工藝用棉花：各適量

作法

① 接縫。

捲邊縫。
甜甜圈

棉花

填入棉花後，
以捲邊縫縫合。

② 縫上珠珠，
完成！

<A> <B>

珠珠

咖啡色

深咖啡色

原寸紙型

※取1股與不織布相同顏色的
25號繡線進行捲邊縫。

甜甜圈 各2片
<A>咖啡色
<B>深咖啡色

珠珠
<A>白色・粉紅色
<B>白色・奶油色

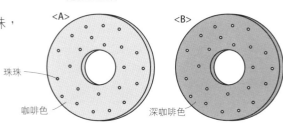

P.10 甜甜圈
巧克力淋醬甜甜圈

材 料 （各1個）

不織布：<A>深咖啡色20×10cm<B>奶油色20×10cm
25號繡線：<A>深咖啡色 適量<B>奶油色 適量
毛線：<A>白色 適量<B>深咖啡色 適量
手工藝用棉花：各適量

作法

① 接縫。

甜甜圈

棉花

填入棉花後，以捲邊縫縫合。

② 縫上巧克力淋醬，完成！

毛線

<A> <B>

捲邊縫。

深咖啡色

奶油色

原寸紙型

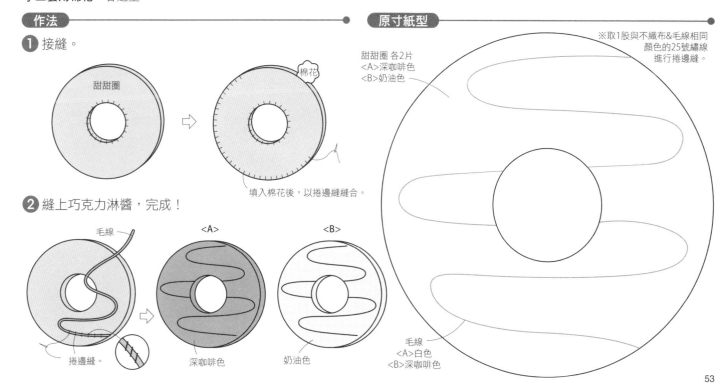

※取1股與不織布&毛線相同
顏色的25號繡線
進行捲邊縫。

甜甜圈 各2片
<A>深咖啡色
<B>奶油色

毛線
<A>白色
<B>深咖啡色

53

甜甜圈
波提甜甜圈

（各1個）
不織布：<A>咖啡色15×15cm×2片 <B>粉紅色15×15cm×2片
25號繡線：<A>咖啡色 適量 <B>粉紅色 適量
手工藝用棉花：各適量

作法

① 接縫。

① 捲邊縫。

波提甜甜圈

棉花

② 填入棉花後，以捲邊縫縫合。

② 收緊，完成！

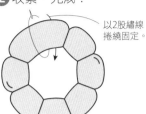

以2股繡線捲繞固定。

<A>

咖啡色

<B>

粉紅色

原寸紙型

※取1股與不織布相同顏色的25號繡線進行捲邊縫。

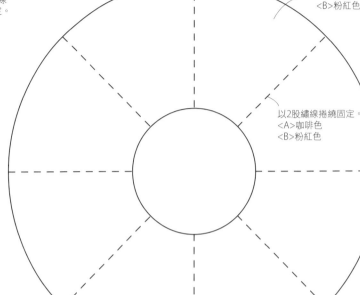

波提甜甜圈
<A>咖啡色
<B>粉紅色

以2股繡線捲繞固定。
<A>咖啡色
<B>粉紅色

甜甜圈
彩色巧克力米甜甜圈

材 料 （各1個）

不織布：<A>粉紅色20×10cm、深咖啡色10×10cm
　　　　<B>咖啡色20×10cm、白色10×10cm
25號繡線：<A>粉紅色・深咖啡色・橘色・黃色・紫色・綠色・白色 各適量
　　　　　<B>咖啡色・白色・粉紅色・橘色・黃色・紫色・綠色・白色・深咖啡色 各適量
手工藝用棉花：各適量

作法

① 接縫。

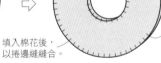

捲邊縫。

甜甜圈

棉花

填入棉花後，以捲邊縫縫合。

② 縫上彩色巧克力米，完成！

刺繡。

彩色巧克力米

<A>

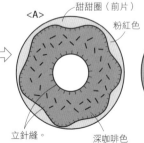

甜甜圈（前片）
粉紅色
立針縫。
深咖啡色

<B>

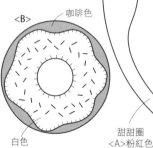

咖啡色

白色

原寸紙型

直針繡 4股
<共同>粉紅色・橘色
　　　 黃色・紫色・綠色
<A>白色
<B>深咖啡色

※捲邊縫・立針縫，皆取1股與不織布相同顏色的25號繡線進行縫製。

甜甜圈
<A>粉紅色
<B>咖啡色

彩色巧克力米
<A>深咖啡色
<B>白色

材 料 （各1個）

不織布：<A>粉紅色15×15cm×2片、奶油色15×15cm×2片
25號繡線：<A>粉紅色 適量<B>奶油色 適量
手工藝用棉花：各適量

作法

① 接縫。

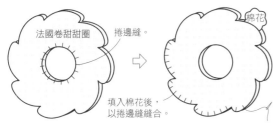

法國卷甜甜圈　捲邊縫。
棉花
填入棉花後，
以捲邊縫縫合。

② 壓線縮縫，完成！

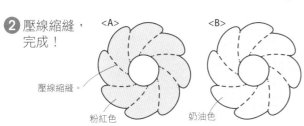

壓線縮縫。
<A>　<B>
粉紅色　奶油色

原寸紙型

※取1股與不織布相同顏色的
25號繡線進行縫製捲針縫。

半針繡 2股
<A>粉紅色
<B>奶油色

法國卷甜甜圈 各2片
<A>粉紅色
<B>奶油色

材 料 （各1個）

不織布：<A>白色・奶油色 各15×15cm<B>粉紅色・咖啡色 各15×15cm
25號繡線：<A>白色・奶油色 各適量<B>粉紅色・咖啡色 各適量
手工藝用棉花：各適量

作法

① 接縫上下側。

甜甜圈上側
※製作2片。

立針縫。
甜甜圈下側

② 接縫，完成！

①捲邊縫。
棉花
②填入棉花後，
以捲邊縫縫合。

<A>
白色
奶油色

<B>
粉紅色
咖啡色

原寸紙型

※捲邊縫・立針縫，皆取1股與不織布相同顏色的25號繡線進行縫製。

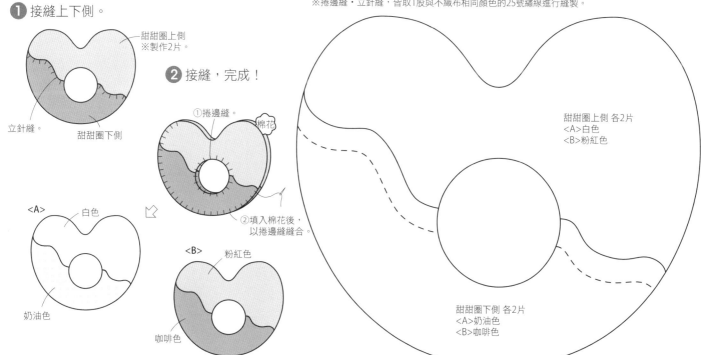

甜甜圈上側 各2片
<A>白色
<B>粉紅色

甜甜圈下側 各2片
<A>奶油色
<B>咖啡色

材 料 （1個）

不織布：<A>白色15×15cm×2片、咖啡色20×10cm
透明線：適量　**手工藝用棉花**：適量　**厚紙**：25×15cm

作法

① 接縫麵包側面。

② 接縫麵包（後片），完成！

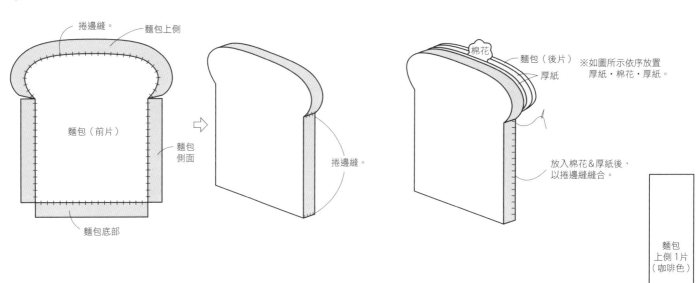

麵包上側
捲邊縫。
麵包（前片）
麵包側面
捲邊縫。
麵包底部

棉花
麵包（後片）
厚紙
※如圖所示依序放置厚紙‧棉花‧厚紙。
放入棉花&厚紙後，以捲邊縫縫合。

原寸紙型

※以透明線進行捲邊縫。

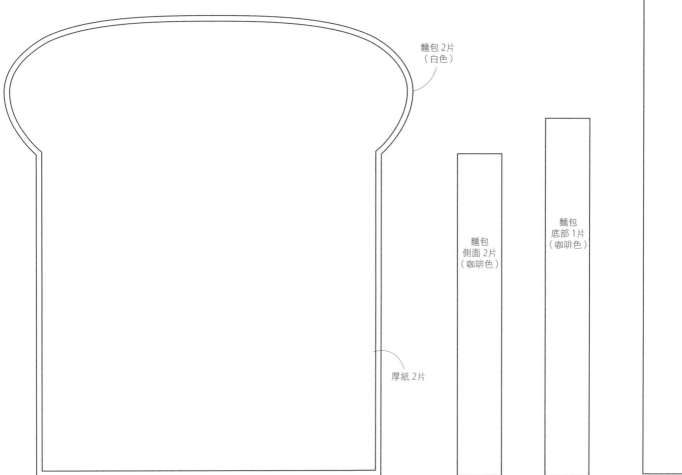

麵包 2片（白色）

麵包上側1片（咖啡色）

麵包側面 2片（咖啡色）

麵包底部1片（咖啡色）

厚紙 2片

P.12 三明治・漢堡
萵苣

材 料 （1個）
不織布：黃綠色15×15cm
25號繡線：黃綠色 適量

作法

① 縮縫，完成！

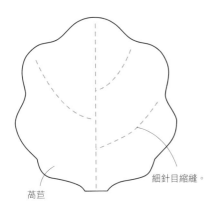

萵苣

細針目縮縫。

原寸紙型

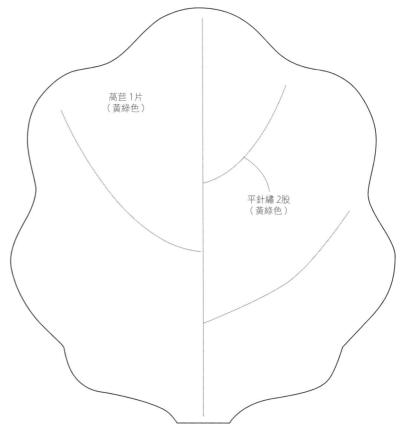

萵苣 1片
（黃綠色）

平針繡 2股
（黃綠色）

P.12 三明治
培根

材 料 （1個）
不織布：紅褐色15×10cm
　　　　粉紅色15×5cm
25號繡線：紅褐色・粉紅色 各適量

作法

① 接縫。

培根

捲邊縫。

原寸紙型

※捲邊縫・立針縫，皆取1股與不織布相同顏色的25號繡線進行縫製。

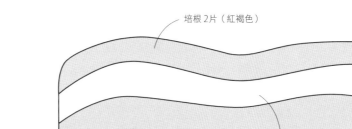

培根 2片（紅褐色）

培根圖案 各1片（粉紅色）

② 縫上培根圖案，完成！

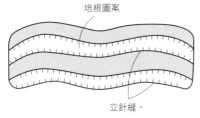

培根圖案

立針縫。

※僅在上片縫製圖案。

起司

材料（1個）
不織布：黃色10×10cm

作法

① 裁切不織布，完成！

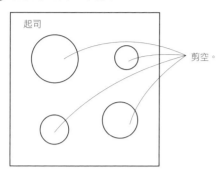

起司

剪空。

原寸紙型

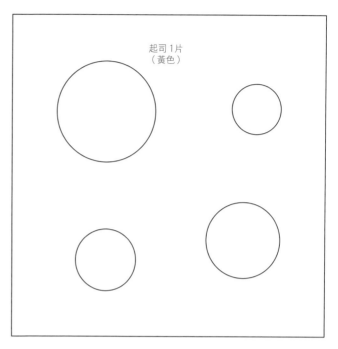

起司1片
（黃色）

番茄

材料（1個）

不織布：紅色20×20cm、橘色10×5cm
25號繡線：紅色・橘色 各適量

作法

① 縫上切面圖案。

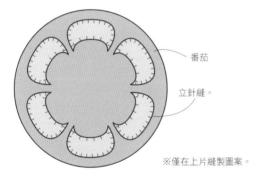

番茄

立針縫。

※僅在上片縫製圖案。

② 縫合三片，完成！

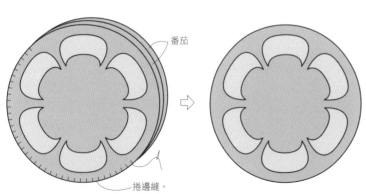

番茄

捲邊縫。

原寸紙型

※捲邊縫・立針縫，皆取1股與不織布相同顏色的25號繡線進行縫製。

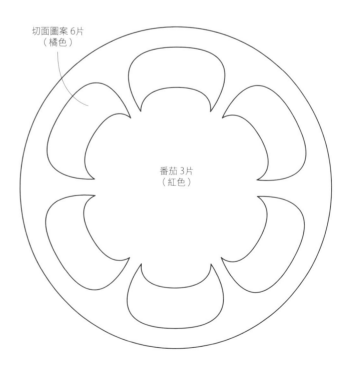

切面圖案6片
（橘色）

番茄3片
（紅色）

P.13 漢堡
麵包

材 料 （1個）
不織布：咖啡色15×5cm×1片・10×10cm×1片
25號繡線：咖啡色・淺咖啡色 各適量
手工藝用棉花：適量
厚紙：10×10cm

作法

① 刺繡。

麵包 ────── 刺繡。

原寸紙型
※取1股與不織布相同顏色的25號繡線進行立針縫。

麵包本體 1片
（咖啡色）

麵包底部 1片
（咖啡色）
厚紙 1片

法國結粒繡
2股
（淺咖啡色）

② 沿著周圍縮縫一圈，完成形狀。

0.5cm

細針目車縫。

厚紙

棉花

放入棉花&厚紙，再進行縮縫。

③ 縫上底部，完成！

麵包底部 ────── 立針縫。

另作2個不刺繡的麵包。

P.13 漢堡
起司

材 料 （1個）
不織布：黃色10×10cm

作法

① 裁切不織布，完成！

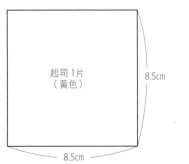

起司 1片
（黃色）

8.5cm

8.5cm

59

材 料（1個）
不織布：深咖啡色20×10cm
25號繡線：深咖啡色・咖啡色 各適量
手工藝用棉花：適量

作法

1 刺繡。

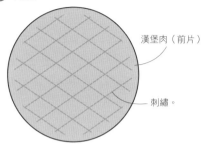

漢堡肉（前片）

刺繡。

原寸紙型

※取1股與不織布相同顏色的25號繡線進行捲邊縫。

漢堡肉 2片
（深咖啡色）

回針繡 3股
（咖啡色）

2 接縫，完成！

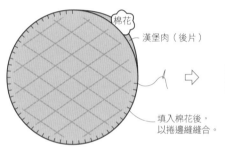

棉花

漢堡肉（後片）

填入棉花後，
以捲邊縫縫合。

材 料（1個）
不織布：白色10×10cm

原寸紙型

洋蔥 各1片
（白色）

作法

1 裁切不織布，完成！

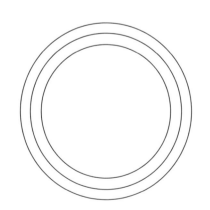

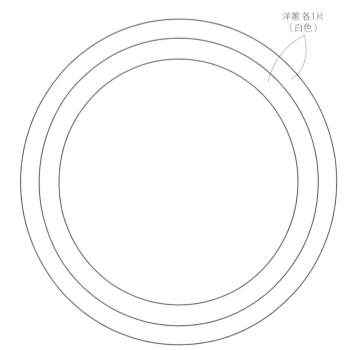

荷包蛋

材 料 （1個）
不織布：白色20×10cm、黃色5×5cm
25號繡線：白色・黃色 各適量
手工藝用棉花：適量

作法

① 縫上蛋黃。

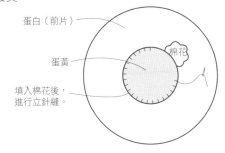

蛋白（前片）
蛋黃
填入棉花後，
進行立針縫。
棉花

原寸紙型

※捲邊縫・立針縫，皆取1股與不織布相同顏色的25號繡線進行縫製。

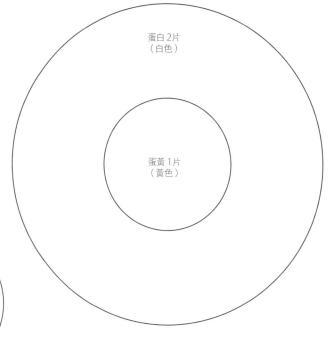

蛋白 2片
（白色）

蛋黃 1片
（黃色）

② 接縫，完成！

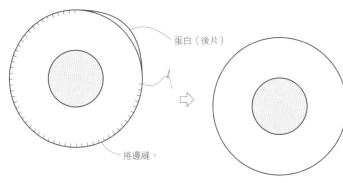

蛋白（後片）
捲邊縫。

P.14 和果子
水果蜜豆冰　　**搭配組合**

P.37 櫻桃
P.63 冰淇淋
P.38 香蕉
P.39 奇異果
P.63 橘子
P.38 鳳梨
P.37 藍莓

材　料（1個）
不織布：白色10×10㎝、米色 適量
25號繡線：白色 適量
手工藝用棉花：適量

作法

① 接縫側面。

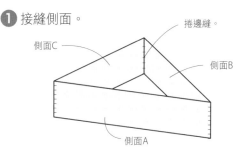

側面C
捲邊縫。
側面B
側面A

原寸紙型

※取1股與不織布相同顏色的25號繡線進行捲邊縫。

側面A 1片
（白色）

側面B 1片
（白色）

側面C 1片
（白色）

② 接縫側面&葛餅（上・下），再灑上花生粉，完成！

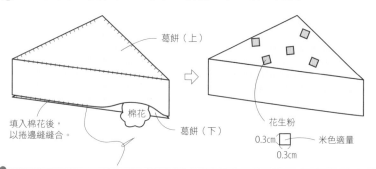

葛餅（上）
填入棉花後，
以捲邊縫縫合。
棉花
葛餅（下）

葛餅（上）
花生粉

0.3cm
0.3cm
米色適量

葛餅上・下 各1片
（白色）

材　料（1個）
不織布：粉紅色・黃綠色・白色 各10×5㎝
25號繡線：粉紅色・黃綠色・白色 各適量
手工藝用棉花：適量
竹籤：1根

作法

① 縫合邊端。

捲邊縫。

② 接縫。

★
填入棉花後，以捲邊縫縫合。
棉花
★
※製作3色。

③ 將丸子開洞。

自縫目中心★處開洞。

原寸紙型

※取1股與不織布相同顏色的25號繡線進行捲邊縫。

④ 穿入竹籤。完成！

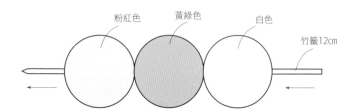

粉紅色　黃綠色　白色
竹籤12cm

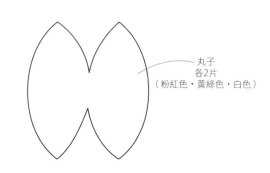

丸子
各2片
（粉紅色・黃綠色・白色）

P.14 和果子 冰淇淋

材 料 （各1個）

不織布：<A>淺粉紅色20×15㎝<B>白色20×15㎝
25號繡線：<A>淺粉紅色<B>白色 各適量
手工藝用棉花：各適量
厚紙：各5×5㎝

作法

原寸紙型

※捲邊縫・立針縫，皆取1股與不織布相同顏色的25號繡線進行縫製。

1 接縫冰淇淋，並沿邊車逢一圈。

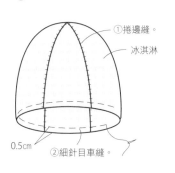

①捲邊縫。
冰淇淋
0.5cm
②細針目車縫。

2 填入厚紙＆棉花，再進行縮縫。

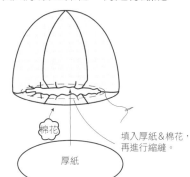

棉花
填入厚紙＆棉花，
再進行縮縫。
厚紙

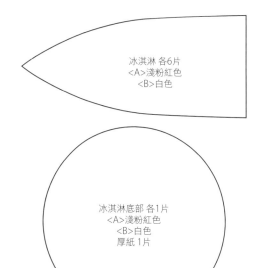

冰淇淋 各6片
<A>淺粉紅色
<B>白色

冰淇淋底部 各1片
<A>淺粉紅色
<B>白色
厚紙 1片

3 縫上底部，完成！

立針縫。
底部

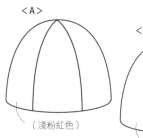

<A>
（淺粉紅色）

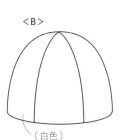

<B>
（白色）

P.14 和果子 橘子

材 料 （1個）

不織布：橘色5×5㎝
25號繡線：橘色・白色 各適量
手工藝用棉花：適量

作法

1 刺繡。

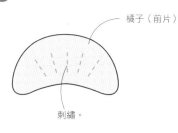

橘子（前片）
刺繡。

2 包夾側面進行接縫，完成！

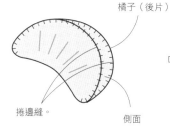

橘子（後片）
捲邊縫。
側面

填入棉花後，
以捲邊縫縫合。
棉花

紙 型

※取1股與不織布相同顏色的25號繡線進行捲邊縫。

回針繡 3股
（白色）
橘子 2片
（橘色）

橘子
側面1片
（橘色）

魚

材 料 （1個）

不織布：水藍色・粉紅色 各15×10cm、藍色10×10cm
　　　　白色10×5cm、黑色 適量
25號繡線：水藍色・粉紅色・藍色・白色・黑色 各適量
手工藝用棉花：適量　厚紙：適量　透明線：適量　魔鬼氈：白色 寬2.5cm 適量

作法

① 在切面縫上骨架＆魔鬼氈。

魔鬼氈・凸面
骨架
立針縫。
切面
魔鬼氈・凹面
立針縫。

② 刺繡。

背鰭（後片）
背鰭（前片）
②捲邊縫。
①刺繡。
尾巴（後片）
尾巴（前片）
②捲邊縫。
①刺繡。
本體（上）
鰭
①刺繡。
②立針縫。

③ 縫上眼睛，接縫頭部。

①立針縫。
頭
填入棉花後，以透明線進行捲邊縫。
②捲邊縫。
切口A
棉花

④ 製作本體。

厚紙
棉花
②填入。
包夾背鰭＆尾巴。
①以透明線進行捲邊縫。
本體（下）

厚紙
棉花
②填入。
①以透明線進行捲邊縫。
本體（上）

本體（上）
切口B
以透明線進行捲邊縫。

⑤ 接縫頭部＆身體，完成！

立針縫。
以透明線進行捲邊縫。

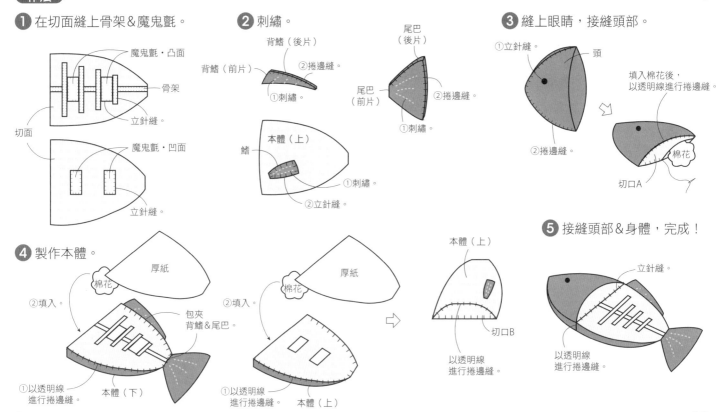

菜刀

材 料 （1個）

不織布：灰色15×5cm、橘色5×5cm
25號繡線：灰色・橘色 各適量
厚透明資料夾：15×5cm

作法

① 製作菜刀。

透明資料夾
放入。
菜刀（後片）
菜刀（前片）
捲邊縫。
捲邊縫。

② 裝上握柄，完成！

捲邊縫。

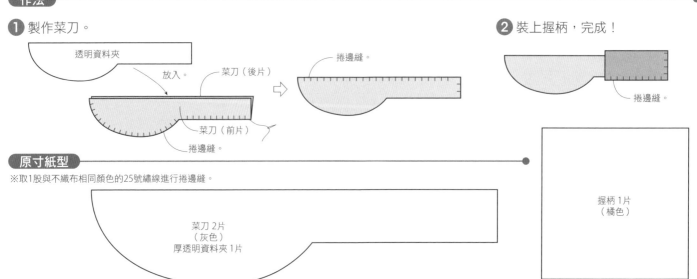

原寸紙型
※取1股與不織布相同顏色的25號繡線進行捲邊縫。

菜刀 2片
（灰色）
厚透明資料夾 1片

握柄 1片
（橘色）

原寸紙型

※捲邊縫・立針縫，皆取1股與不織布&魔鬼氈相同顏色的25號繡線進行縫製。

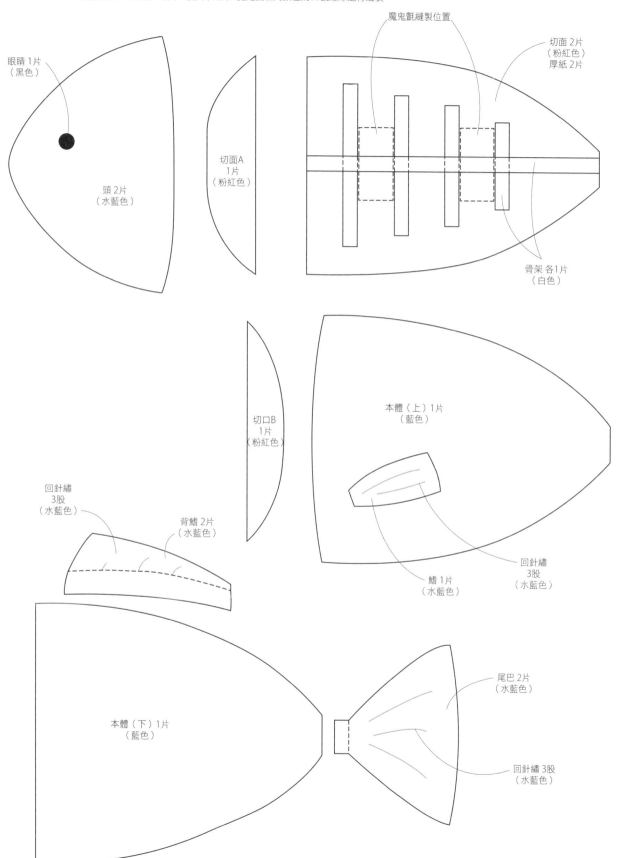

眼睛 1片
（黑色）

頭 2片
（水藍色）

切面A
1片
（粉紅色）

魔鬼氈縫製位置

切面 2片
（粉紅色）
厚紙 2片

骨架 各1片
（白色）

切口B
1片
（粉紅色）

本體（上）1片
（藍色）

回針繡
3股
（水藍色）

背鰭 2片
（水藍色）

鰭 1片
（水藍色）

回針繡
3股
（水藍色）

本體（下）1片
（藍色）

尾巴 2片
（水藍色）

回針繡 3股
（水藍色）

材 料 （1個）

不織布：咖啡色20×20cm
25號繡線：深咖啡色・咖啡色・白色 各適量
手工藝用棉花：適量　**厚紙**：20×15cm　**魔鬼氈**：白色 寬2.5cm 適量

作法

① 將切面縫上魔鬼氈。

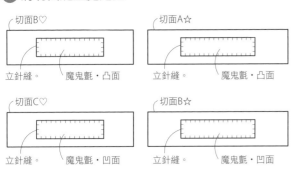

切面B♡
立針縫。　魔鬼氈・凸面

切面A☆
立針縫。　魔鬼氈・凸面

切面C♡
立針縫。　魔鬼氈・凹面

切面B☆
立針縫。　魔鬼氈・凹面

② 刺繡。　※僅上片。

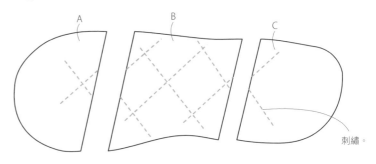

A　B　C
刺繡。

③ 接縫側面&切面。

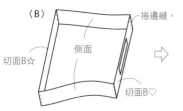

〈B〉
切面B☆　側面
捲邊縫。
切面B♡

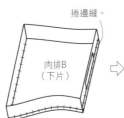

捲邊縫。
肉排B（下片）

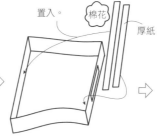

置入。　棉花　厚紙

捲邊縫。
肉排（上片）

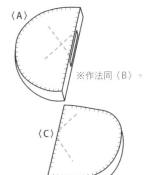

〈A〉
※作法同〈B〉。
〈C〉

④ 組合，完成！

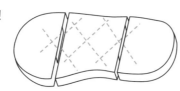

原寸紙型

※捲邊縫・立針縫，皆取1股與不織布&魔鬼氈相同顏色的25號繡線進行縫製。

A側面 1片
（咖啡色）

B側面 2片
（咖啡色）

C側面 1片
（咖啡色）

切面B・C♡ 各1片（咖啡色）厚紙 各1片

魔鬼氈
縫製位置

切面A・B☆ 各1片（咖啡色）厚紙各1片

回針繡 3股（深咖啡色）

☆　♡

肉排A
各2片
（咖啡色）

肉排B
各2片
（咖啡色）

肉排C
各2片
（咖啡色）

材 料 （1個）

不織布：淺紫色10×10cm、紫色・奶油色 各5×5cm
25號繡線：淺紫色・紫色・白色 各適量
手工藝用棉花：適量　**厚紙**：10×5cm　**透明線**：適量
魔鬼氈：白色 寬2.5cm 適量

作法

① 將切面縫上魔鬼氈。

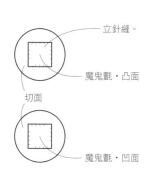

立針縫。
魔鬼氈・凸面
切面
魔鬼氈・凹面

② 接縫側面&切口。

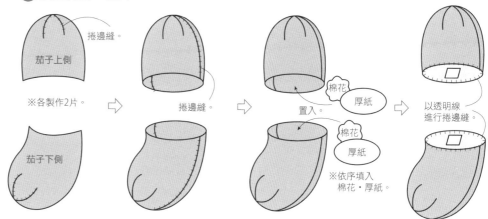

捲邊縫。
茄子上側
※各製作2片。
捲邊縫。
茄子下側
棉花　厚紙
置入。
棉花　厚紙
※依序填入
棉花・厚紙。
以透明線
進行捲邊縫。

③ 製作茄蒂。

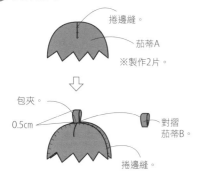

捲邊縫。
茄蒂A
※製作2片。
包夾。
0.5cm
對摺
茄蒂B。
捲邊縫。

④ 黏上茄蒂，完成！

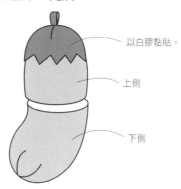

以白膠黏貼。
上側
下側

原寸紙型

※捲邊縫・立針縫，皆取1股與不織布&魔鬼氈相同顏色的25號繡線進行縫製。

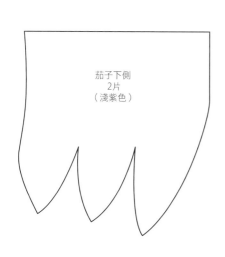

茄子下側
2片
（淺紫色）

茄子上側
2片
（淺紫色）

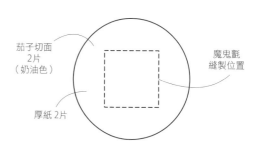

茄子切面
2片
（奶油色）
魔鬼氈
縫製位置
厚紙 2片

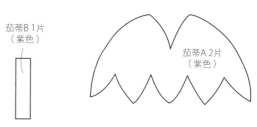

茄蒂B 1片
（紫色）
茄蒂A 2片
（紫色）

白蘿蔔

材料（1個）

不織布：白色20×15cm、綠色15×15cm
25號繡線：白色・綠色 各適量
手工藝用棉花：適量　厚紙：10×5cm　魔鬼氈：白色 寬2.5cm 適量

作法

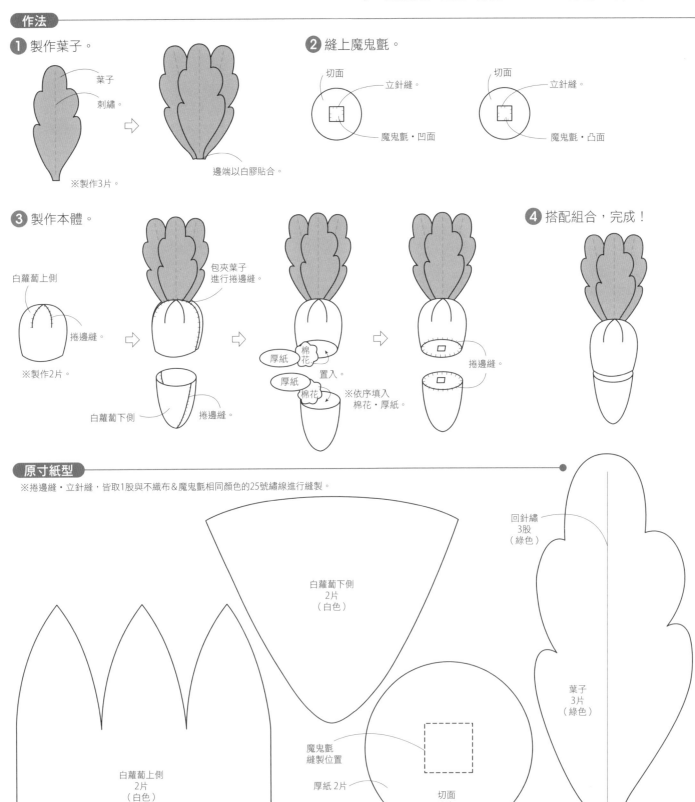

① 製作葉子。

葉子
刺繡。
※製作3片。
邊端以白膠貼合。

② 縫上魔鬼氈。

切面
立針縫。
魔鬼氈・凹面

切面
立針縫。
魔鬼氈・凸面

③ 製作本體。

白蘿蔔上側
捲邊縫。
※製作2片。

白蘿蔔下側
捲邊縫。

包夾葉子
進行捲邊縫。

厚紙
棉花
厚紙
棉花
置入。
※依序填入
棉花・厚紙。

捲邊縫。

④ 搭配組合，完成！

原寸紙型

※捲邊縫・立針縫，皆取1股與不織布&魔鬼氈相同顏色的25號繡線進行縫製。

白蘿蔔下側
2片
（白色）

回針繡
3股
（綠色）

葉子
3片
（綠色）

白蘿蔔上側
2片
（白色）

魔鬼氈
縫製位置

厚紙 2片

切面
2片
（白色）

材 料 （1個）
不織布：黃綠色10×5cm
25號繡線：黃綠色・白色 各適量
手工藝用棉花：適量　厚紙：5×5cm　魔鬼氈：白色 寬2.5cm 適量

作法

❶ 將切面縫上魔鬼氈。

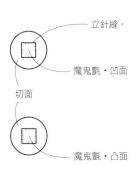

立針縫。

魔鬼氈・凹面

切面

魔鬼氈・凸面

❷ 在側面進行刺繡。

蘆筍上側

刺繡。

❸ 縫合側面＆切面，完成！

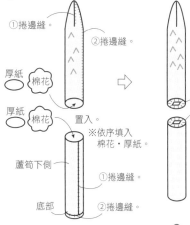

①捲邊縫。

②捲邊縫。

捲邊縫。

厚紙　棉花

厚紙　棉花

置入。

※依序填入
棉花・厚紙。

蘆筍下側

①捲邊縫。

②捲邊縫。

底部

原寸紙型
※取1股與不織布相同顏色的25號繡線進行捲邊縫。

蘆筍下側
1片
（黃綠色）

切面・底部
3片
（黃綠色）
厚紙 2片

魔鬼氈縫製位置

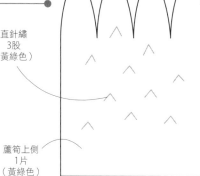

直針繡
3股
（黃綠色）

蘆筍上側
1片
（黃綠色）

材 料 （1個）
不織布：橘色15×15cm、黃綠色15×10cm
25號繡線：橘色・黃綠色・白色 各適量
手工藝用棉花：適量　厚紙：10×5cm　魔鬼氈：白色 寬2.5cm 適量

原寸紙型
※捲邊縫・立針縫，皆取1股與不織布＆魔鬼氈相同顏色的25號繡線進行縫製。

作法
※作法同P.68白蘿蔔。

胡蘿蔔上側
2片
（橘色）

胡蘿蔔下側
2片
（橘色）

魔鬼氈
縫製位置

厚紙 2片

切面 2片
（橘色）

回針繡
3股
（黃綠色）

葉子 3片
（黃綠色）

番茄

材 料 （1個）
不織布：紅色20×15cm、橘色5×5cm
25號繡線：紅色·橘色·綠色·白色 各適量
手工藝用棉花：適量　厚紙：15×10cm　魔鬼氈：白色 寬2.5cm 適量

作法

1 製作切面處圖案&縫上魔鬼氈。

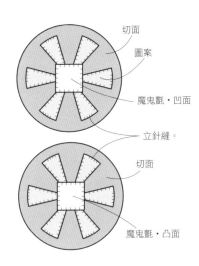

切面
圖案
魔鬼氈·凹面
立針縫·
切面
魔鬼氈·凸面

2 縫合側面&切面。

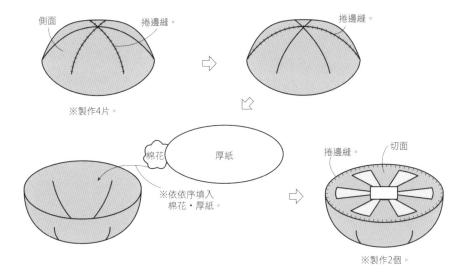

側面
捲邊縫·
捲邊縫·
※製作4片。
棉花
厚紙
※依依序填入
棉花·厚紙。
捲邊縫·
切面
※製作2個。

3 製作番茄蒂。

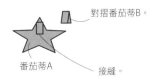

對摺番茄蒂B。
番茄蒂A
接縫·

4 貼上番茄蒂，完成！

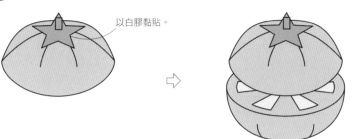

以白膠黏貼。

原寸紙型

※捲邊縫·立針縫，皆取1股與不織布相同顏色的25號繡線進行縫製。

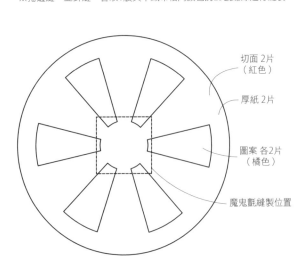

切面 2片
（紅色）
厚紙 2片
圖案 各2片
（橘色）
魔鬼氈縫製位置

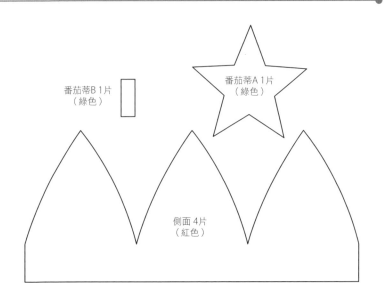

番茄蒂B 1片
（綠色）
番茄蒂A 1片
（綠色）
側面 4片
（紅色）

馬鈴薯

材料 （1個）
不織布：米色10×15cm 、奶油色10×5cm
25號繡線：米色・咖啡色・白色 各適量　透明線：適量
手工藝用棉花：適量　厚紙：10×5cm　魔鬼氈：白色 寬2.5cm 適量

作法

1 將切面縫上魔鬼氈。　**2** 刺繡。　**3** 接縫側面&切面。　**4** 組合，完成！

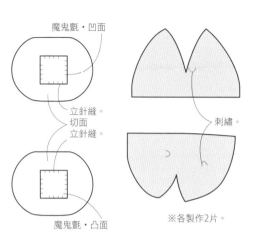

魔鬼氈・凹面
立針縫。
切面
立針縫。
魔鬼氈・凸面

刺繡。
※各製作2片。

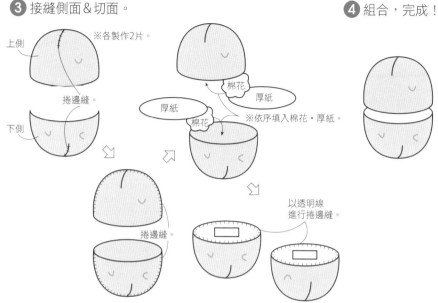

上側
※各製作2片。
捲邊縫。
下側
棉花
厚紙
厚紙
棉花
※依序填入棉花・厚紙。
捲邊縫。
以透明線進行捲邊縫。

原寸紙型

※捲邊縫・立針縫，皆取1股與不織布&魔鬼氈相同顏色的25號繡線進行縫製。

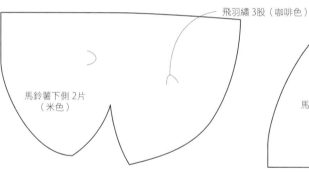

飛羽繡 3股（咖啡色）
馬鈴薯下側 2片（米色）

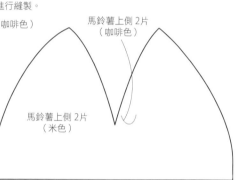

馬鈴薯上側 2片（咖啡色）
馬鈴薯上側 2片（米色）

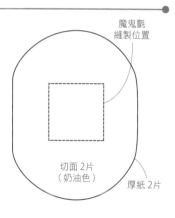

魔鬼氈縫製位置
切面 2片（奶油色）
厚紙 2片

切菜板

材料 （1個）
不織布：白色20×15cm×2片
25號繡線：白色 適量
厚透明資料夾：20×15cm

作法

1 接縫，完成！

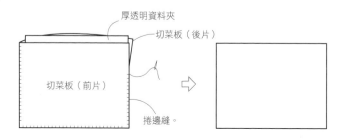

厚透明資料夾
切菜板（後片）
切菜板（前片）
捲邊縫。

尺寸

※取1股與不織布相同顏色的25號繡線進行捲邊縫。

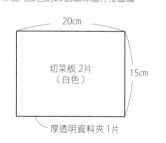

20cm
切菜板 2片（白色）
15cm
厚透明資料夾 1片

材料 （各1個）
不織布：<番茄醬炒飯><咖哩飯><白飯>
　　　　橘色・黃色・白色 各20×15cm
25號繡線：橘色・黃色・白色 各適量
手工藝用棉花：各適量

作法

① 接縫側面＆底部。

② 接縫正面。

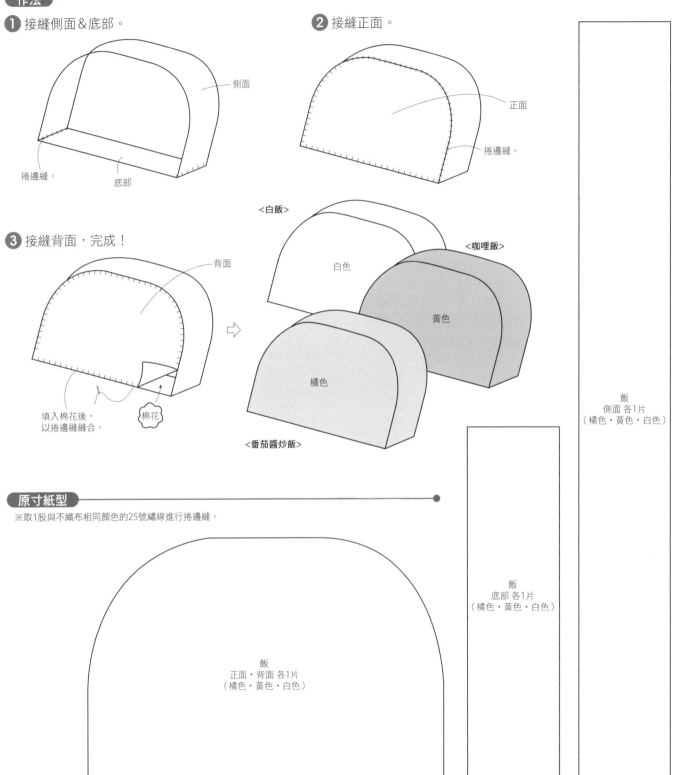

側面

捲邊縫。

底部

正面

捲邊縫。

③ 接縫背面，完成！

背面

填入棉花後，
以捲邊縫縫合。

棉花

<白飯>

白色

<咖哩飯>

黃色

橘色

<番茄醬炒飯>

飯
側面 各1片
（橘色・黃色・白色）

原寸紙型

※取1股與不織布相同顏色的25號繡線進行捲邊縫。

飯
底部 各1片
（橘色・黃色・白色）

飯
正面・背面 各1片
（橘色・黃色・白色）

P.20 造型便當
裝飾（花朵）

材料 （各1個）

不織布：<A>粉紅色5×5cm、黃色 適量 <B>黃色5×5cm、白色 適量
　　　　<葉子>黃綠色 適量
25號繡線：<A>黃色 適量 <B>白色 適量

作法

❶ 裁切圖案。　　葉子

❷ 接縫花蕊，完成！

<A>　　粉紅色
　　　　黃色
　　　立針縫。

<B>　　黃色
　　　　白色

花朵
花蕊

原寸紙型

※取1股與不織布相同顏色的25號繡線進行立針縫。

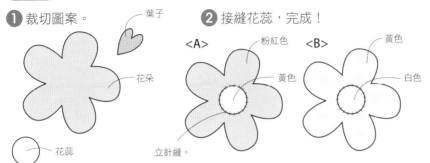

花蕊 各1片
<A>黃色
<B>白色

花朵 各1片
<A>粉紅色
<B>黃色

葉子 3片
（黃綠色）

P.21 造型便當
裝飾（車子）

材料 （1個）

不織布：粉紅色10×5cm
　　　　白色・黃色・黑色 各適量
25號繡線：白色・黃色 各適量

作法

❶ 作出車子造型，完成！

立針縫。　　　　以白膠黏貼。
車燈　　車窗　車窗　車燈
　　　　車子
車輪中心　　車輪
前保險桿　　後保險桿

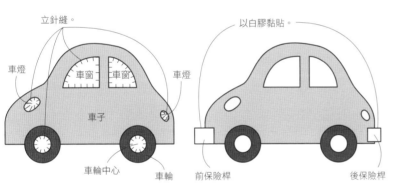

原寸紙型

※取1股與不織布相同顏色的25號繡線進行立針縫。

窗戶 各1片
（白色）

前保險桿
1片（白色）

後保險桿
1片（白色）

車燈 各1片
（黃色）

車子 1片
（粉紅色）

車輪中心 各1片
（白色）

車輪 各1片
（黑色）

P.21 造型便當
裝飾（微笑・小熊）

材料

不織布：粉紅色・白色・黑色 各適量

作法

❶ 裁切以不織布製作的眼睛・鼻子・嘴巴。

不織布（背面）

眼睛・鼻子・嘴巴
裁切。

塗上木工用白膠，待其自然乾燥。

❷ 裁切不織布，完成！

耳朵

嘴巴周圍

原寸紙型

※微笑・小熊的眼鼻為通用。

耳朵 2片
（粉紅色）

嘴巴周圍 1片
（白色）

眼睛・鼻子・嘴巴
各1片
（黑色）

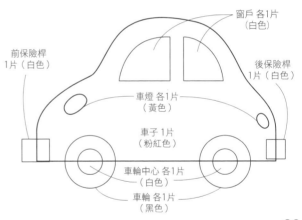

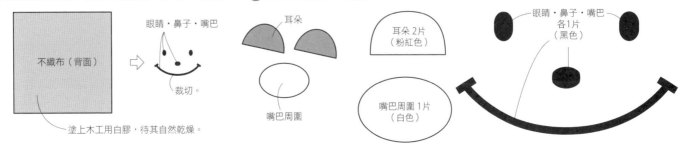

P20 造型便當
萵苣

材 料 （1個）
不織布：黃綠色10×10cm
25號繡線：綠色 適量

作法

① 刺繡，完成！

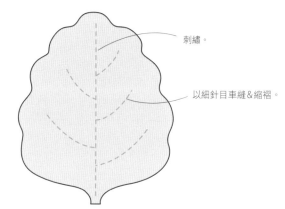

刺繡。

以細針目車縫＆縮褶。

原寸紙型

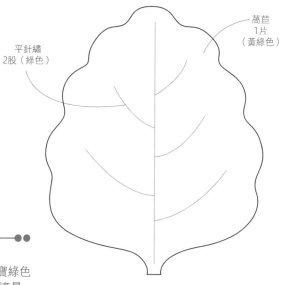

萵苣
1片
（黃綠色）

平針繡
2股（綠色）

P20 造型便當
炒飯配料

材 料 （1個）
不織布：粉紅色・橘色・寶綠色
米色・黃綠色 各適量

作法

① 裁切不織布，完成！

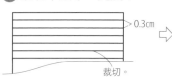

0.3cm

0.3cm

裁切。

裁切。

原寸紙型

豌豆

○ 豌豆（黃綠色）

□ 配料（粉紅色・橘色・寶綠色・米色）

P21 造型便當
花椰菜

材 料 （1個）
不織布：綠色・黃綠色 各10×5cm
25號繡線：綠色 適量

作法

① 捲起花椰菜心。 ② 包捲花椰菜。 ③ 接縫花椰菜心，完成！

花椰菜心

以白膠黏貼
固定成卷狀。

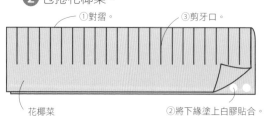

①對摺。

③剪牙口。

花椰菜

②將下緣塗上白膠貼合。

輕輕地捲起＆
以白膠黏貼固定。

②立針縫。

①以白膠固定
花椰菜心。

原寸紙型

※取1股與不織布相同顏色的25號繡線進行立針縫。

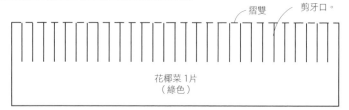

摺雙

剪牙口。

花椰菜 1片
（綠色）

花椰菜心 1片
（黃綠色）

P.20 造型便當
毛豆

材 料（1個）
不織布：綠色5×5cm
25號繡線：綠色 適量
手工藝用棉花：適量

作法

❶ 接縫，完成！

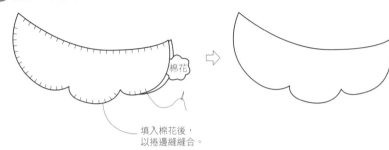

棉花

填入棉花後，
以捲邊縫縫合。

原寸紙型

※取1股與不織布相同顏色的25號繡線進行捲邊縫。

毛豆
2片（綠色）

P.20 造型便當
小番茄

材 料（1個）
不織布：紅色10×5cm、綠色 適量
25號繡線：紅色 適量
手工藝用棉花：適量

作法

❶ 接縫本體。

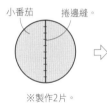

小番茄　捲邊縫。
棉花

※製作2片。

填入棉花後，以捲邊縫縫合。

❷ 黏上番茄蒂，完成！

番茄蒂B
①以白膠固定。
番茄蒂A
②以白膠固定。

原寸紙型

※取1股與不織布相同顏色的25號繡線進行捲邊縫。

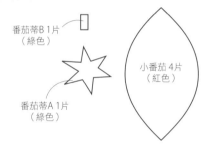

番茄蒂B 1片
（綠色）

小番茄 4片
（紅色）

番茄蒂A 1片
（綠色）

P.20 造型便當
胡蘿蔔花片

材 料（1個）
不織布：橘色10×5cm
25號繡線：橘色・黃色 各適量
手工藝用棉花：適量

作法

❶ 刺繡。

刺繡。

胡蘿蔔花片（前片）
※製作2片。

❷ 包夾側面進行接縫，完成！

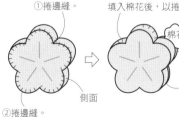

①捲邊縫。
②捲邊縫。
側面

填入棉花後，以捲邊縫縫合。
棉花
胡蘿蔔花片
（後片）

原寸紙型

※取1股與不織布相同顏色的25號繡線進行捲邊縫。

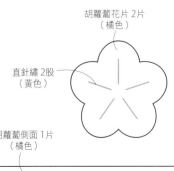

胡蘿蔔花片 2片
（橘色）

直針繡 2股
（黃色）

胡蘿蔔側面 1片
（橘色）

造型便當
水煮蛋

材 料（1個）
不織布：白色10×5cm、黃色5×5cm
25號繡線：白色・黃色 各適量
手工藝用棉花：適量

作法

1 重疊蛋白＆蛋黃。

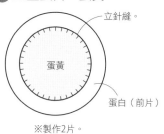

立針縫。

蛋黃

蛋白（前片）

※製作2片。

2 接縫蛋白＆側面，完成！

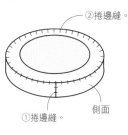

②捲邊縫。

①捲邊縫。

側面

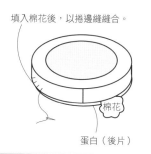

填入棉花後，以捲邊縫縫合。

棉花

蛋白（後片）

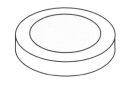

原寸紙型

※捲邊縫・立針縫，皆取1股與不織布相同顏色的25號繡線進行縫製。

蛋白
2片
（白色）

蛋黃
2片
（黃色）

側面 1片
（白色）

造型便當
日式蛋捲

材 料（1個）
不織布：黃色15×5cm
25號繡線：黃色・奶油色 各適量
手工藝用棉花：適量

作法

1 刺繡。

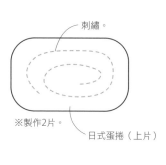

刺繡。

※製作2片。

日式蛋捲（上片）

2 包夾側面進行接縫，完成！

②捲邊縫。

①捲邊縫。

側面

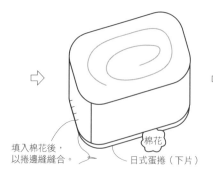

填入棉花後，
以捲邊縫縫合。

棉花

日式蛋捲（下片）

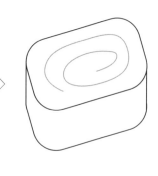

原寸紙型

※取1股與不織布相同顏色的25號繡線進行捲邊縫。

日式蛋捲側面 1片（黃色）

日式蛋捲 2片
（黃色）

回針繡 3股
（奶油色）

造型便當
燒賣

材 料（1個）

不織布：白色・淺咖啡色 各10×10cm、黃綠色 適量
25號繡線：白色・淺咖啡色・黃綠色 各適量
手工藝用棉花：適量

作法

① 接縫豌豆。

捲邊縫。
豌豆

② 沿著燒賣餡邊緣細縫一圈。

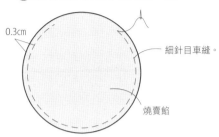

0.3cm
細針目車縫。
燒賣餡

③ 填入棉花後縮縫。

棉花
填入棉花後縮縫。

④ 縫製燒賣皮。

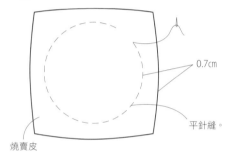

0.7cm
平針縫。
燒賣皮

⑤ 重疊燒賣餡＆燒賣皮。

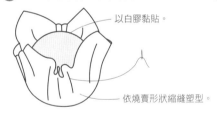

以白膠黏貼。
依燒賣形狀縮縫塑型。

⑥ 貼上豌豆，完成！

豌豆
以白膠黏貼。

原寸紙型

※取1股與不織布相同顏色的25號繡線進行捲邊縫。

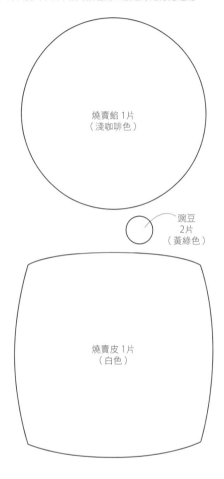

燒賣餡 1片
（淺咖啡色）

豌豆
2片
（黃綠色）

燒賣皮 1片
（白色）

造型便當
小熊漢堡

材 料（1個）

不織布：咖啡色10×5cm
25號繡線：深咖啡色・咖啡色 各適量
手工藝用棉花：適量

作法

① 刺繡。

刺繡。

② 接縫，完成！

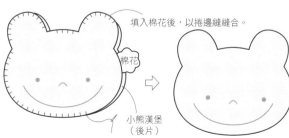

填入棉花後，以捲邊縫縫合。
棉花
小熊漢堡
（後片）

原寸紙型

※取1股與不織布相同顏色的25號繡線進行捲邊縫。

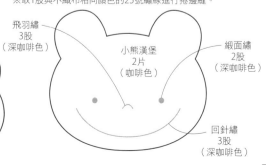

飛羽繡
3股
（深咖啡色）

小熊漢堡
2片
（咖啡色）

緞面繡
2股
（深咖啡色）

回針繡
3股
（深咖啡色）

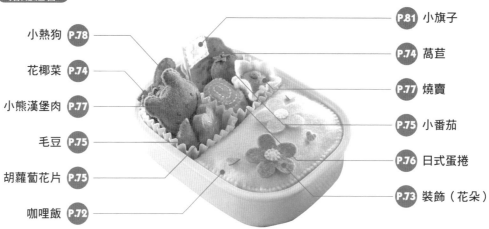

小熱狗 **P.78**　　　　　　　　　　　　　**P.81** 小旗子

花椰菜 **P.74**　　　　　　　　　　　　　**P.74** 萵苣

小熊漢堡肉 **P.77**　　　　　　　　　　　**P.77** 燒賣

毛豆 **P.75**　　　　　　　　　　　　　　**P.75** 小番茄

胡蘿蔔花片 **P.75**　　　　　　　　　　　**P.76** 日式蛋捲

咖哩飯 **P.72**　　　　　　　　　　　　　**P.73** 裝飾（花朵）

P.20 造型便當
小熱狗

材　料 （1個）
不織布：紅色10×5cm
25號繡線：紅色・深紅色 各適量
手工藝用棉花：適量

作法

❶ 刺繡。

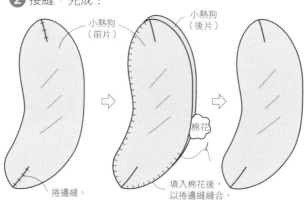

小熱狗（前片）

刺繡。

※製作2片。

❷ 接縫，完成！

小熱狗（前片）　小熱狗（後片）

捲邊縫。

棉花

填入棉花後，
以捲邊縫縫合。

原寸紙型
※取1股與不織布相同顏色的25號繡線進行捲邊縫。

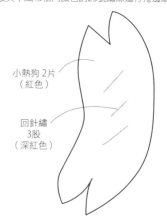

小熱狗 2片
（紅色）

回針繡
3股
（深紅色）

P.21 造型便當
炸雞塊

材　料 （1個）
不織布：黃土色10×5cm
25號繡線：黃土色 適量
手工藝用棉花：適量

作法

❶ 接縫。

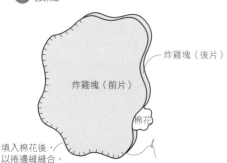

炸雞塊（後片）

炸雞塊（前片）

棉花

填入棉花後，
以捲邊縫縫合。

❷ 刺繡，完成！

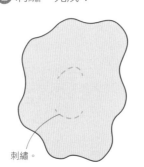

刺繡。

原寸紙型
※取1股與不織布相同顏色的25號繡線進行捲邊縫。

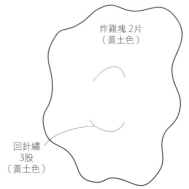

炸雞塊 2片
（黃土色）

回針繡
3股
（黃土色）

- P.75 毛豆
- P.76 日式蛋捲
- P.75 胡蘿蔔花片
- P.77 燒賣
- P.74 萵苣
- P.78 小熱狗
- P.74 花椰菜
- P.72 番茄醬炒飯
- P.74 炒飯配料
- P.73 裝飾（微笑）

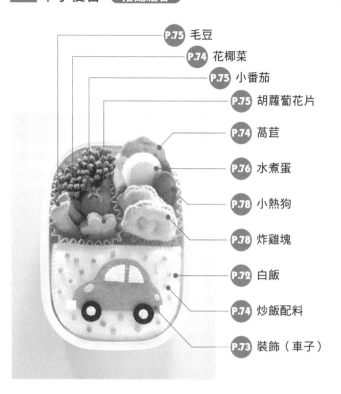

- P.75 毛豆
- P.74 花椰菜
- P.75 小番茄
- P.75 胡蘿蔔花片
- P.74 萵苣
- P.76 水煮蛋
- P.78 小熱狗
- P.78 炸雞塊
- P.72 白飯
- P.74 炒飯配料
- P.73 裝飾（車子）

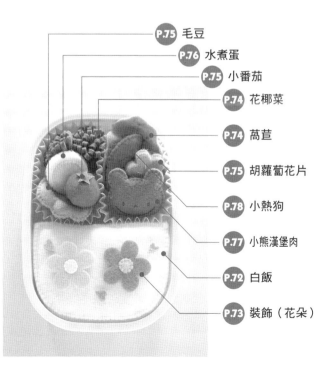

- P.75 毛豆
- P.76 水煮蛋
- P.75 小番茄
- P.74 花椰菜
- P.74 萵苣
- P.75 胡蘿蔔花片
- P.78 小熱狗
- P.77 小熊漢堡肉
- P.72 白飯
- P.73 裝飾（花朵）

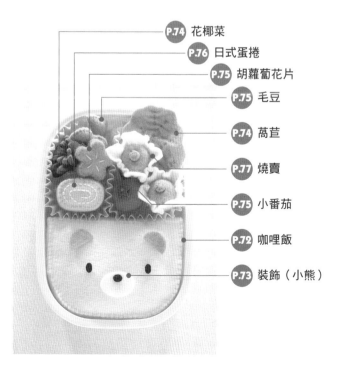

- P.74 花椰菜
- P.76 日式蛋捲
- P.75 胡蘿蔔花片
- P.75 毛豆
- P.74 萵苣
- P.77 燒賣
- P.75 小番茄
- P.72 咖哩飯
- P.73 裝飾（小熊）

P.24 餐廳
茄汁雞肉炒飯

材料（1個）

不織布：橘色20×20cm、黃綠色 適量
25號繡線：橘色 適量
手工藝用棉花：適量　厚紙：25×20cm

作法

① 製作上片&底部。

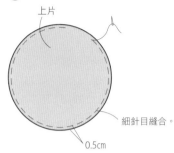

上片
厚紙
底部
厚紙
細針目縫合。
0.5cm
放入厚紙後縮縫。
※底部同上片作法。

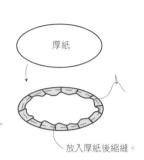

② 接縫側面&上片。

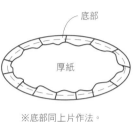

上片
②捲邊縫。
①捲邊縫。

③ 接縫底部。

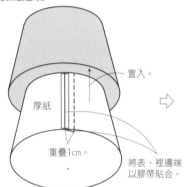

置入。
厚紙
重疊1cm。
將表、裡邊端
以膠帶貼合。

填入棉花後，
以捲邊縫縫合。
棉花
底

④ 在上片開孔，貼上圖案，完成！

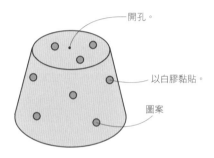

開孔。
以白膠黏貼。
圖案

原寸紙型

※取1股與不織布相同顏色的25號繡線進行捲邊縫。

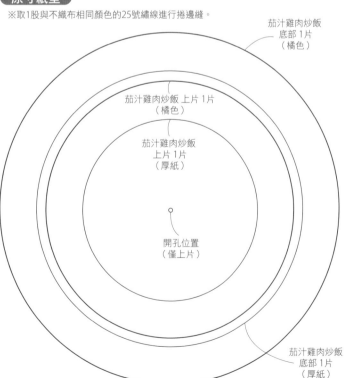

茄汁雞肉炒飯
上片 1片
（橘色）

茄汁雞肉炒飯
上片 1片
（厚紙）

開孔位置
（僅上片）

茄汁雞肉炒飯
底部 1片
（厚紙）

茄汁雞肉炒飯
底部 1片
（橘色）

茄汁雞肉炒飯
圖案 13片

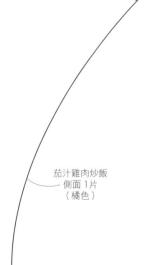

茄汁雞肉炒飯
側面 1片
（厚紙）

茄汁雞肉炒飯
側面 1片
（橘色）

摺雙

餐廳
馬鈴薯沙拉

材　料（1個）
不織布：奶油色20×15cm、黃綠色・橘色 各適量
25號繡線：奶油色 適量
手工藝用棉花：適量
厚紙：適量

作法

1 接縫馬鈴薯沙拉，並沿著邊緣細縫一圈。

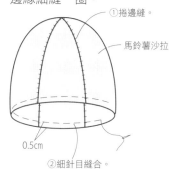

①捲邊縫。
馬鈴薯沙拉
0.5cm
②細針目縫合。

2 填入棉花&厚紙後縮縫。

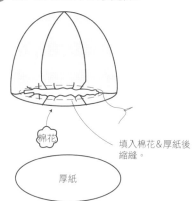

填入棉花&厚紙後縮縫。
棉花
厚紙

3 接縫底部&裝飾，完成！

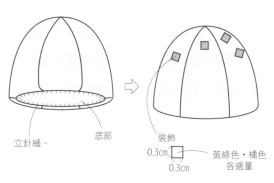

立針縫。
底部
裝飾
0.3cm
0.3cm
黃綠色・橘色
各適量

原寸紙型

※捲邊縫・立針縫，皆取1股與不織布相同顏色的25號繡線進行縫製。

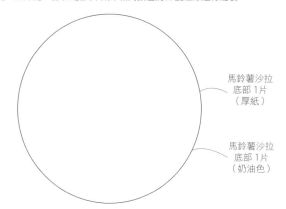

馬鈴薯沙拉
底部 1片
（厚紙）

馬鈴薯沙拉
底部 1片
（奶油色）

馬鈴薯沙拉
6片
（奶油色）

餐廳
小旗子

材　料（1個）
不織布：白色5×5cm、黃色 適量
25號繡線：橘色 適量
牙籤：1根

作法

1 刺繡&貼上星星圖案。

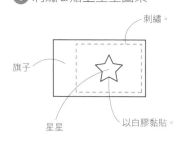

刺繡。
旗子
星星
以白膠黏貼。

2 將牙籤貼上旗子。

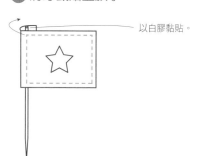

以白膠黏貼。

原寸紙型

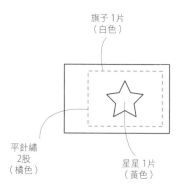

旗子 1片
（白色）

平針繡
2股
（橘色）

星星 1片
（黃色）

P.80 茄汁雞肉炒飯

P.81 旗子

P.74 萵苣

P.81 馬鈴薯沙拉

P.77 小熊漢堡肉

P.76 日式蛋捲

P.78 小熱狗

P.77 燒賣

P.63 冰淇淋	P.38 鳳梨
P.37 櫻桃	P.37 草莓
P.39 橘子	P.37 藍莓
P.38 香蕉	P.37 樹莓
P.39 奇異果	P.36 奶油

P.74 花椰菜

P.75 毛豆

P.75 小番茄

P.75 胡蘿蔔花片

P.76 水煮蛋

P.24 餐廳 濃湯

材料 （1個）

<杯子>不織布：藍色20×15cm
25號繡線：藍色 適量
蕾絲（寬0.8cm）：米色20cm
<濃湯>不織布：米色20×15cm、橘色·白色·黃綠色 各適量
25號繡線：米色·淺咖啡色·橘色·白色·黃綠色 各適量
手工藝用棉花：適量

作法

① 縫上濃湯圖案。

② 製作杯子、濃湯，
將濃湯放置杯內，完成！

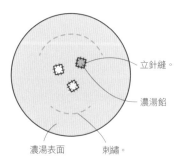

立針縫。

濃湯餡

濃湯表面　　刺繡。

※濃湯作法同P.40下午茶作法。
※杯子作法同P.40杯子作法。

原寸紙型

※捲邊縫·立針縫，皆取1股與不織布相同顏色的25號繡線進行縫製。
※濃湯（側面·底部）&杯子的紙型參見P.40。

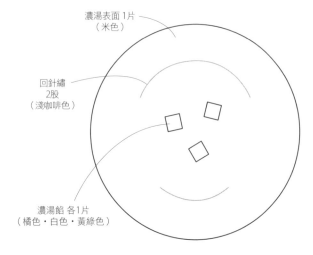

濃湯表面1片
（米色）

回針繡
2股
（淺咖啡色）

濃湯餡 各1片
（橘色·白色·黃綠色）

和風套餐 搭配組合

- P.64 魚
- P.92 醬汁（沾醬）
- P.77 燒賣
- P.74 萵苣
- P.76 日式蛋捲
- P.74 花椰菜
- P.75 小番茄

洋風套餐 搭配組合

- P.66 肉排
- P.80 馬鈴薯沙拉
- P.74 萵苣
- P.76 水煮蛋
- P.75 胡蘿蔔花片
- P.74 花椰菜
- P.75 小番茄
- P.75 毛豆

甜點 搭配組合

冰淇淋 P.63
玫瑰花 P.36
櫻桃 P.37
奶油 P.36
橘子 P.63
藍莓 P.37
樹莓 P.37
奇異果 P.39

- P.63 冰淇淋
- P.37 櫻桃
- P.36 奶油
- P.38 香蕉
- P.39 奇異果
- P.37 草莓
- P.37 藍莓

壽司飯

材 料 （1個）
不織布：白色20×15cm
25號繡線：白色 適量

作法

1 接縫，完成！

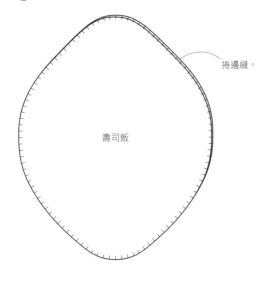

捲邊縫。

壽司飯

原寸紙型

※取1股與不織布相同顏色的25號繡線進行捲邊縫。

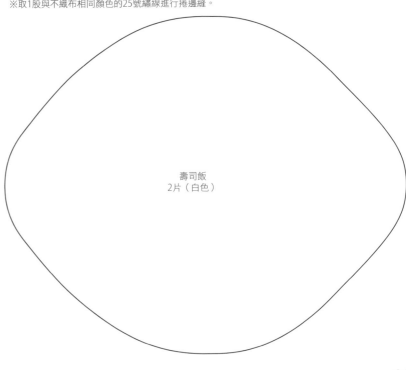

壽司飯
2片（白色）

紫蘇・生菜

材 料 （各1個）
不織布：<紫蘇>綠色10×10cm
　　　　<生菜>黃綠色10×10cm

作法

1 依紙型輪廓進行裁剪，完成！

原寸紙型

<紫蘇>

<生菜>

紫蘇
1片（綠色）

生菜
1片（黃綠色）

P.26 手捲壽司
鮪魚・鮭魚・小黃瓜
日式蛋捲・酪梨

材 料 （1個）
不織布：<鮪魚・鮭魚>紅色・橘色
　　　　<小黃瓜・日式蛋捲・酪梨>綠色・黃色・黃綠色
　　　　各10×5cm
25號繡線：紅色・橘色・綠色・黃色・黃綠色 各適量

作法

① 刺繡。

② 接縫，完成！

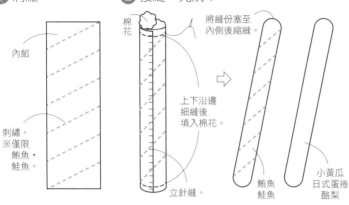

原寸紙型

※取1股與不織布相同顏色的25號繡線進行立針縫。

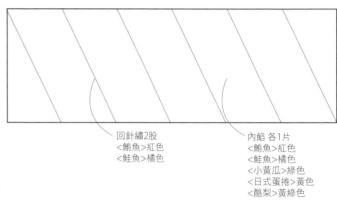

回針繡2股
<鮪魚>紅色
<鮭魚>橘色

內館 各1片
<鮪魚>紅色
<鮭魚>橘色
<小黃瓜>綠色
<日式蛋捲>黃色
<酪梨>黃綠色

P.26 手捲壽司
海苔

材 料 （1個）
不織布：黑色15×15cm
25號繡線：黑色 適量
魔鬼氈：白色 寬2.5cm 適量

作法

① 縫上魔鬼氈，完成！

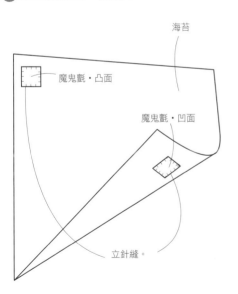

原寸紙型

※取1股與魔鬼氈相同顏色的25號繡線進行立針縫。

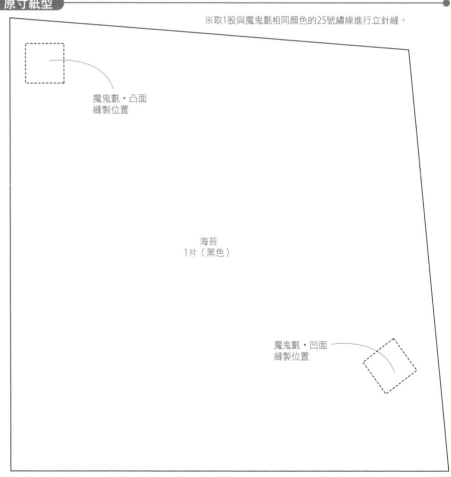

P.27 壽司
醋飯

材料（1個）
不織布：白色10×10cm
25號繡線：白色 適量
手工藝用棉花：適量

作法

① 縫合成筒狀後，沿邊細縫。

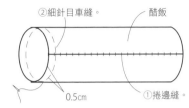

②細針目車縫。
醋飯
①捲邊縫。
0.5cm

② 填入棉花後縮縫。

①將縫份塞至內側縮縫。
②填入棉花。
棉花

③ 縮縫另一側，完成！

縮縫。

原寸紙型

※取1股與不織布相同顏色的25號繡線進行捲邊縫。

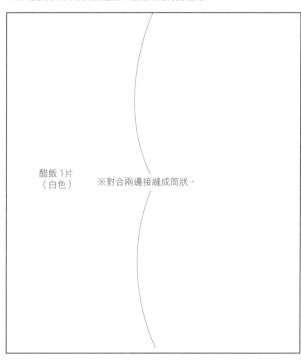

醋飯1片
（白色）

※對合兩邊接縫成筒狀。

P.27 壽司
鮪魚

材料（1個）
不織布：紅色10×10cm
25號繡線：紅色・深粉紅色 各適量
手工藝用棉花：適量

作法

※醋飯的材料・作法參見P.86。

① 刺繡。

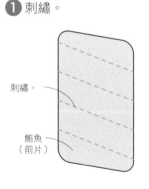

刺繡。
鮪魚
（前片）

② 接縫。

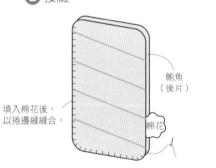

鮪魚
（後片）
填入棉花後，
以捲邊縫縫合。
棉花

③ 與醋飯重疊，
完成！

醋飯

原寸紙型

※取1股與不織布相同顏色的25號繡線進行捲邊縫。

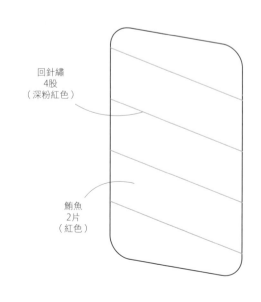

回針繡
4股
（深粉紅色）

鮪魚
2片
（紅色）

P.27 壽司 日式蛋捲

材料 （1個）
不織布：黃色10×10cm、黑色15×15cm
25號繡線：黃色・黑色・奶油色 各適量
手工藝用棉花：適量

作法

※醋飯的材料・作法參見P.86。

❶ 刺繡。

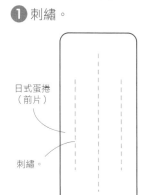

日式蛋捲
（前片）

刺繡。

❷ 接縫。

日式蛋捲
（後片）

棉花

填入棉花後，以捲邊縫縫合。

❸ 製作海苔。

0.5cm

海苔

立針縫。

❹ 重疊醋飯＆日式蛋捲，再包捲上海苔，完成！

醋飯

日式蛋捲 2片
（黃色）

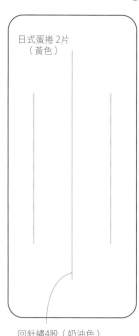

回針繡4股（奶油色）

原寸紙型

※捲邊縫・立針縫，皆取1股與不織布相同顏色的25號繡線進行縫製。

海苔 1片
（黑色）

P.27 壽司 烏賊

材料 （1個）
不織布：白色10×10cm、黑色15×15cm
25號繡線：白色・黑色 各適量
手工藝用棉花：適量

作法

※醋飯的材料・作法參見P.86。

❶ 接縫。

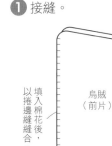

以捲邊縫縫合。

填入棉花後，

烏賊
（前片）

烏賊
（後片）

棉花

❷ 製作海苔。

0.5cm

海苔

立針縫。

❸ 重疊醋飯＆烏賊，再包捲上海苔，完成！

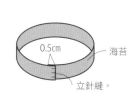

醋飯

烏賊 2片
（白色）

原寸紙型

※捲邊縫・立針縫，皆取1股與不織布相同顏色的25號繡線進行縫製。

海苔 1片
（黑色）

章魚

材 料 （1個）
不織布：白色10×10cm、深紅色10×5cm
25號繡線：白色·深紅色 各適量
手工藝用棉花：適量

作法

※醋飯的材料·作法參見P.86。

原寸紙型

※捲邊縫·立針縫，皆取1股與不織布相同顏色的25號繡線進行縫製。

❶ 重疊章魚＆章魚皮。

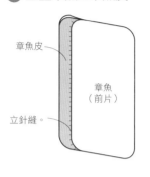

章魚皮
立針縫。
章魚（前片）

❷ 接縫章魚。

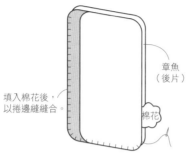

填入棉花後，以捲邊縫縫合。
章魚（後片）
棉花

❸ 貼上吸盤＆與醋飯重疊，完成！

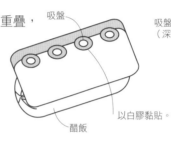

吸盤
以白膠黏貼。
醋飯

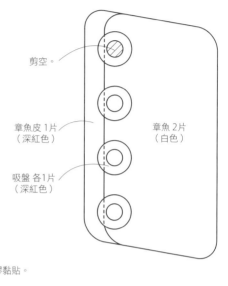

剪空。
章魚皮 1片（深紅色）
章魚 2片（白色）
吸盤 各1片（深紅色）

蝦子

材 料 （1個）
不織布：白色、深粉紅色 各10×10cm
25號繡線：白色·深粉紅色 各適量
手工藝用棉花：適量

作法

※醋飯的材料·作法參見P.86。

原寸紙型

※捲邊縫·立針縫，皆取1股與不織布相同顏色的25號繡線進行縫製。

❶ 製作尾巴。

尾巴
捲邊縫。

❷ 縫上蝦子紋路＆進行接縫。

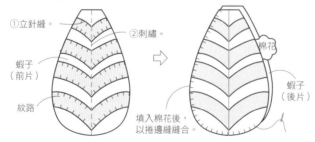

①立針縫。
②刺繡。
蝦子（前片）
紋路
棉花
蝦子（後片）
填入棉花後，以捲邊縫縫合。

❸ 縫上尾巴。

立針縫。

❹ 與醋飯重疊，完成！

醋飯

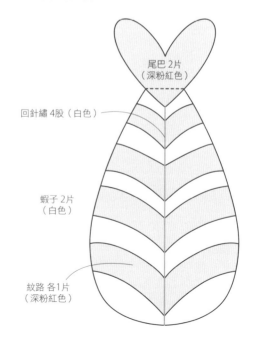

尾巴 2片（深粉紅色）
回針繡 4股（白色）
蝦子 2片（白色）
紋路 各1片（深粉紅色）

材料（1個）
不織布：橘色10×10cm、黑色15×5cm
25號繡線：橘色・黑色 各適量

作法

※醋飯的材料・作法參見P.86。

❶ 製作海膽。

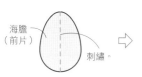

海膽（前片）
刺繡。

海膽（後片）
捲邊縫。
※製作3片。

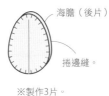

❷ 製作海苔。

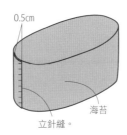

0.5cm
海苔
立針縫。

❸ 填入醋飯＆海膽，完成！

填入醋飯。

海膽

物大の型紙

※捲邊縫・立針縫，皆取1股與不織布相同顏色的25號繡線進行縫製。

海苔 1片
（黑色）

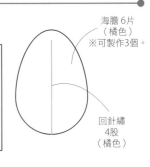

海膽 6片
（橘色）
※可製作3個。

回針繡
4股
（橘色）

材料（1個）
不織布：黑色15×5cm、紅色10×10cm、綠色・黃綠色 各適量
25號繡線：紅色・黑色・黃色・黃綠色 各適量
手工藝用棉花：適量

作法

※醋飯的材料・作法參見P.86。

❶ 製作魚卵。

魚卵　棉花
填入棉花後，以捲邊縫縫合。
※製作16個。

魚卵基底
以白膠黏貼。

❷ 製作小黃瓜。

小黃瓜（前片）
刺繡。

小黃瓜（後片）
立針縫。

❸ 製作海苔。

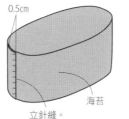

0.5cm
海苔
立針縫。

❹ 填入醋飯、魚卵和小黃瓜，完成！

填入醋飯。

小黃瓜　魚卵

原寸紙型

※捲邊縫・立針縫，皆取1股與不織布相同顏色的25號繡線進行縫製。
※海苔紙型與海膽相同。

魚卵 32顆
（紅色）
※可製作16個。

回針繡
4股
（黃色）

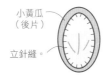

小黃瓜前片 1片
（黃綠色）

小黃瓜後片 1片
（黃綠色）

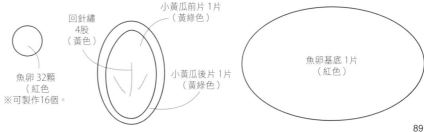

魚卵基底 1片
（紅色）

P.27 壽司
鯛魚

材　料 （1個）
不織布：白色10×10cm、紅褐色10×5cm
25號繡線：白色・紅褐色 各適量
手工藝用棉花：適量

作法

※醋飯的材料・作法參見P.86。

① 縫上鯛魚皮。

② 接縫鯛魚。

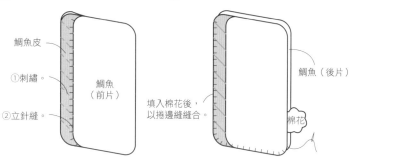

鯛魚皮

①刺繡。

②立針縫。

鯛魚（前片）

填入棉花後，以捲邊縫縫合。

鯛魚（後片）

棉花

③ 與醋飯重疊，完成！

醋飯

原寸紙型

※捲邊縫・立針縫，皆取1股與不織布相同顏色的25號繡線進行縫製。

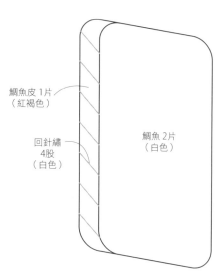

鯛魚皮 1片（紅褐色）

回針繡 4股（白色）

鯛魚 2片（白色）

 P.27 壽司
鯖魚

材　料 （1個）
不織布：粉紅色10×10cm、灰色10×5cm、綠色・奶油色 各5×5cm
25號繡線：粉紅色・灰色 各適量
手工藝用棉花：適量

作法

※醋飯的材料・作法參見P.86。

① 縫上鯖魚皮。

② 接縫鯖魚。

鯖魚皮

立針縫。

鯖魚（前片）

填入棉花後，以捲邊縫縫合。

鯖魚（後片）

棉花

③ 製作蔥＆薑末。

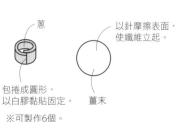

蔥

包捲成圓形，以白膠黏貼固定。

以針摩擦表面，使纖維立起。

薑末

※可製作6個。

④ 將醋飯疊上鯖魚、蔥和薑末，完成！

醋飯

以白膠黏貼。

原寸紙型

※捲邊縫・立針縫，皆取1股與不織布相同顏色的25號繡線進行縫製。

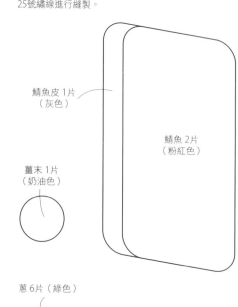

鯖魚皮 1片（灰色）

鯖魚 2片（粉紅色）

薑末 1片（奶油色）

蔥 6片（綠色）

壽司
海水鰻魚

材料 （1個）
不織布：咖啡色10×10cm
25號繡線：咖啡色・深咖啡色 各適量
手工藝用棉花：各適量

作法
※醋飯的材料・作法參見P.86。

原寸紙型
※捲邊縫・立針縫，皆取1股與不織布相同顏色的25號繡線進行縫製。

① 刺繡。　② 接縫海水鰻魚。

海水鰻魚
（前片）

海水鰻魚（後片）

③ 與醋飯重疊，
完成！

填入棉花後，
以捲邊縫縫合。

棉花

刺繡。

醋飯

海水鰻魚 2片
（咖啡色）

回針繡
4股
（深咖啡色）

P.27 壽司
干貝

材料 （1個）
不織布：米色10×10cm、白色5×5cm
25號繡線：米色 適量
手工藝用棉花：適量

作法
※醋飯的材料・作法參見P.86。

原寸紙型
※捲邊縫・立針縫，皆取1股與不織布相同顏色的
　25號繡線進行縫製。

① 製作干貝。　② 與醋飯重疊，完成！

干貝（後片）

干貝
（前片）

棉花

填入棉花後，
以捲邊縫縫合。

包捲後，
以白膠黏貼
固定於背面。

干貝中心

醋飯

干貝 2片
（米色）

干貝中心 1片
（白色）

P.27 壽司
薑片

材料 （1個）
不織布：粉紅色5×5cm
25號繡線：粉紅色 適量

作法

原寸紙型
※取1股與不織布相同顏色的25號繡線進行捲邊縫。

① 對摺&縫合，完成！

對摺。

展開。

捲邊縫0.8cm。

※製作3片。

薑片 1片
（粉紅色）

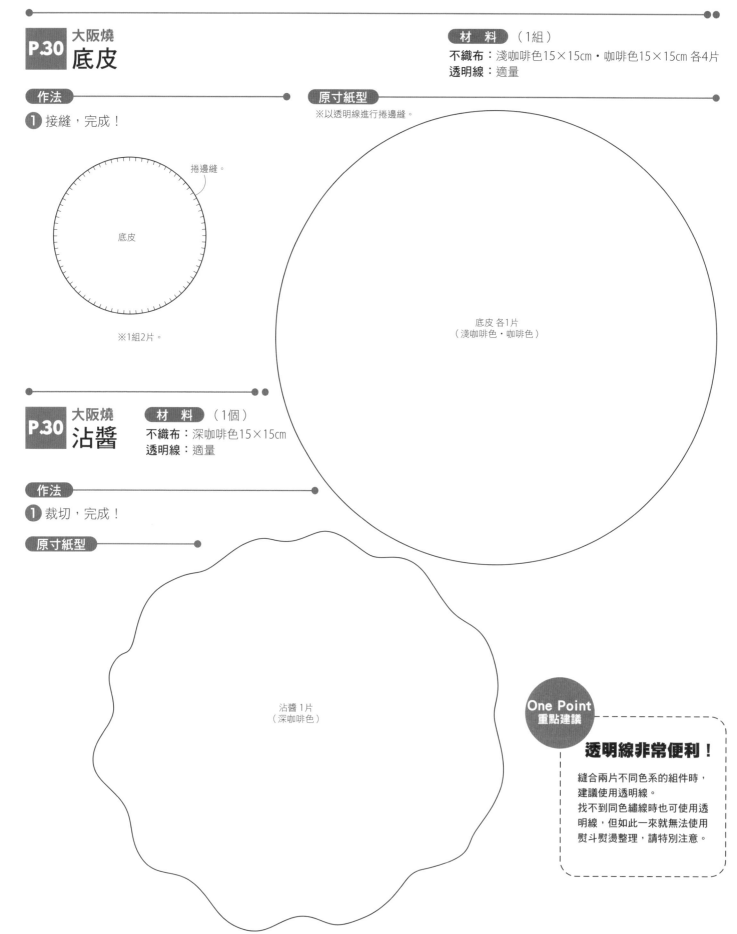

P.30 大阪燒
底皮

材 料 （1組）

不織布：淺咖啡色15×15cm・咖啡色15×15cm 各4片
透明線：適量

作法

1 接縫，完成！

原寸紙型

※以透明線進行捲邊縫。

捲邊縫。

底皮

※1組2片。

底皮 各1片
（淺咖啡色・咖啡色）

P.30 大阪燒
沾醬

材 料 （1個）

不織布：深咖啡色15×15cm
透明線：適量

作法

1 裁切，完成！

原寸紙型

沾醬 1片
（深咖啡色）

One Point
重點建議

透明線非常便利！

縫合兩片不同色系的組件時，
建議使用透明線。
找不到同色繡線時也可使用透
明線，但如此一來就無法使用
熨斗熨燙整理，請特別注意。

高麗菜

材 料 （1個）
不織布：黃綠色20×15cm×2片
25號繡線：黃綠色 適量
手工藝用棉花：適量　厚紙：適量

作法

❶ 接縫側面。

原寸紙型

※取1股與不織布相同顏色的25號繡線進行捲邊縫。

❷ 接縫本體＆側面，完成！

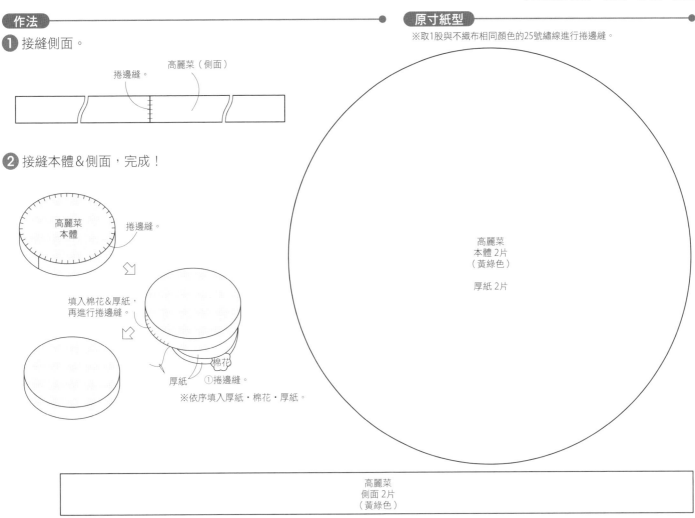

高麗菜（側面）
捲邊縫。

高麗菜
本體
捲邊縫。

填入棉花＆厚紙，
再進行捲邊縫。

棉花
厚紙　①捲邊縫。
※依序填入厚紙・棉花・厚紙。

高麗菜
本體 2片
（黃綠色）

厚紙 2片

高麗菜
側面 2片
（黃綠色）

紅薑・青苔粉

材 料 （各1個）
材料（1個）
不織布：紅色・綠色 各適量

作法

❶ 裁剪成細條狀後，再裁剪成小方塊，完成！

原寸紙型

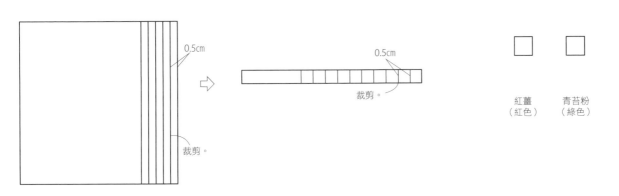

0.5cm

0.5cm

裁剪。

裁剪。

紅薑
（紅色）

青苔粉
（綠色）

P.30 大阪燒
美乃滋

材 料（1個）
不織布：奶油色10×5cm

作法

① 裁剪不織布。

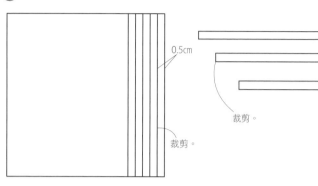

0.5cm

裁剪。

裁剪。

原寸紙型

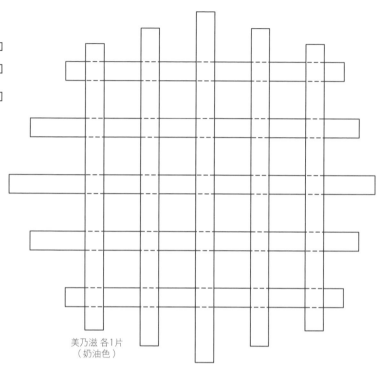

美乃滋 各1片
（奶油色）

② 重疊貼合，完成！

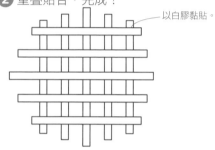

以白膠黏貼。

P.30 大阪燒
沾醬／美乃滋

材 料（各1個）
不織布：深咖啡色・奶油色 各20×20cm、白色・紅色 各10×5cm
25號繡線：深咖啡色・奶油色・白色・紅色・灰色 各適量
手工藝用棉花：各適量

作法

① 縫合本體褶襉。

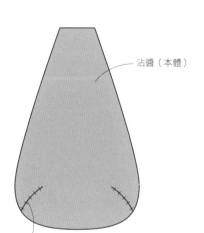

沾醬（本體）

捲邊縫。

※製作2片。

② 接縫本體。

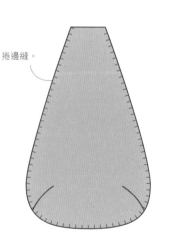

捲邊縫。

③ 製作蓋子。

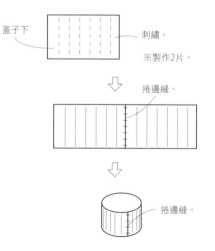

蓋子下

刺繡。

※製作2片。

捲邊縫。

捲邊縫。

※捲邊縫・立針縫，皆取1股與不織布相同顏色的25號繡線進行縫製。

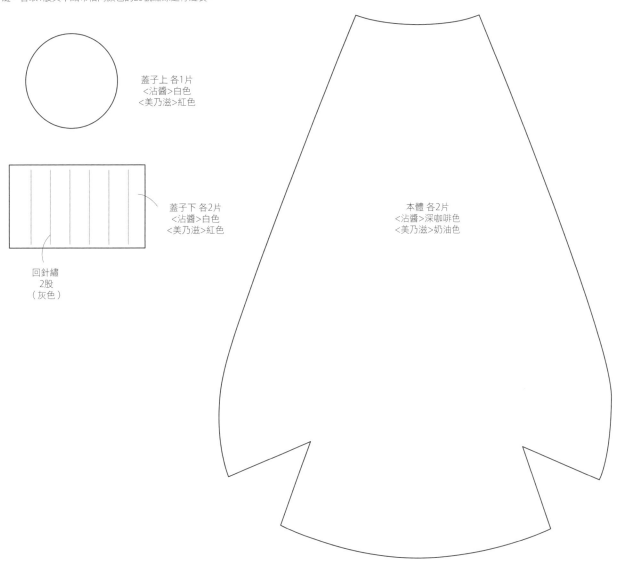

蓋子上 各1片
<沾醬>白色
<美乃滋>紅色

蓋子下 各2片
<沾醬>白色
<美乃滋>紅色

回針繡
2股
（灰色）

本體 各2片
<沾醬>深咖啡色
<美乃滋>奶油色

④ 縫合本體&蓋子，完成！

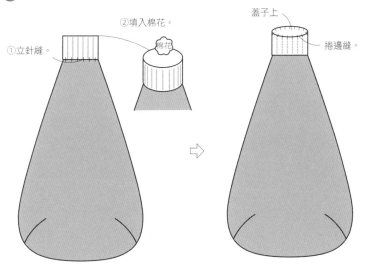

①立針縫。

②填入棉花。

棉花

蓋子上

捲邊縫。

<美乃滋>

<沾醬>

不織布手作的基礎技巧

[不描繪紙型，直接裁剪圖案的方法]

① 影印圖案後，沿著輪廓外圍大略粗裁。

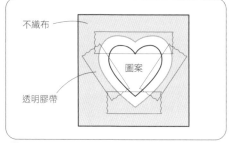

② 以透明膠帶將圖案貼在不織布上。

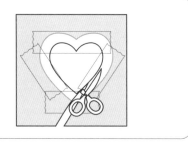

③ 連透明膠帶一起裁剪。

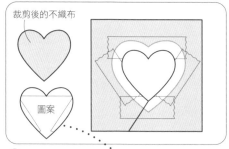

④ 裁剪完成。以此作為紙型，即可依②至④的作法，重複使用多次。

[正確裁剪小圖案的方法]

白膠

將不織布上塗上一層薄薄的白膠，自然陰乾後裁剪。

噴膠

將不織布上噴上一層薄薄的噴膠，自然陰乾後裁剪。

熨斗

以熨燙整平不織布，待厚度變薄後裁剪。

縫合不織布的方法

取1股與不織布相同顏色的25號繡線進行縫製

繡線的挑選方法

盡量選擇和不織布相同的顏色。沒有相同顏色的繡線時，深色不織布選擇深色繡線，淺色不織布選擇淺色繡線。

[立針縫]

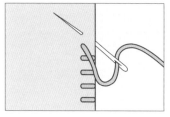

應用於將一片不織布縫合於另一片不織布上，縫製出與布邊垂直的縫目。

[捲邊縫]

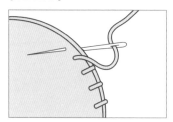

將兩片不織布縫在一起使用的基本縫法。以等間距的方式縫製，不織布表面可看到縫線。

刺繡針法

[回針繡]

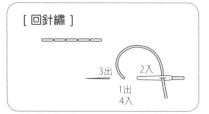

[法國結粒繡]

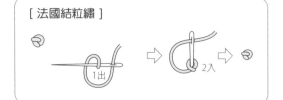

[緞面繡]

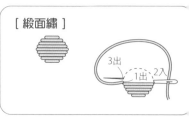

[直針繡]

[平針繡]

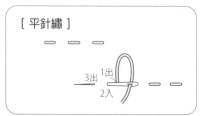

[飛羽繡]

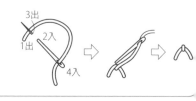

趣·手藝 **74**

小小廚師の不織布料理教室

作　　　者／BOUTIQUE-SHA
譯　　　者／洪鈺惠
發 行 人／詹慶和
總 編 輯／蔡麗玲
執行編輯／陳姿伶
編　　　輯／蔡毓玲·劉蕙寧·黃璟安·李佳穎·李宛真
封面設計／陳麗娜
美術編輯／周盈汝·韓欣恬
內頁排版／造極
出 版 者／Elegant-Boutique新手作
發 行 者／悅智文化事業有限公司
郵撥帳號／19452608
戶　　　名／悅智文化事業有限公司
地　　　址／新北市板橋區板新路206號3樓
網　　　址／www.elegantbooks.com.tw
電子郵件／elegant.books@msa.hinet.net
電　　　話／(02) 8952-4078
傳　　　真／(02) 8952-4084

2017年6月初版一刷　定價300元

Lady Boutique Series No.4249
IPPAI TSUKUTTE ASOBOU FELT NO OMAMAGOTO KOMONO
TSUKUTTE ASOBERU TANOSHI OMAMAGOTO GA DAISHUGO
© 2016 Boutique-sha, Inc.
All rights reserved.
Original Japanese edition published in Japan by BOUTIQUE-SHA.
Chinese (in complex character) translation rights arranged with BOUTIQUE-SHA.
through KEIO CULTURAL ENTERPRISE CO., LTD.

經銷／高見文化行銷股份有限公司
地址／新北市樹林區佳園路二段70-1號
電話／0800-055-365
傳真／(02)2668-6220

國家圖書館出版品預行編目(CIP)資料

小小廚師の不織布料理教室 / BOUTIQUE-SHA著；
洪鈺惠譯.
-- 初版. -- 新北市：新手作出版：悅智文化發行, 2017.06
　面；　公分. -- (趣.手藝；74)
ISBN 978-986-94731-3-2(平裝)

1.玩具 2.手工藝

426.78　　　　　　　　　　　　　　　106007504

趣・手藝 16

166枚好紙手×超簡單創意剪
紙圖案集：摺！剪！開！完美
剪紙3 Steps
室岡昭子◎著
定價280元

趣・手藝 17

可愛又華麗的俄羅斯娃娃&動
物玩偶：繪本風的不織布創作
北向邦子◎著
定價280元

趣・手藝 18

玩不織布扮家家酒！
在家自己作12間超人氣甜點
屋&西賢聽&壽司店的50道美
味料理
BOUTIQUE-SHA◎著
定價280元

趣・手藝 19

文具控最愛的手工立體卡片
超簡單！看圖就會作！祝福不打
烊！萬用卡・生日卡・節慶卡自
己一手搞定！
鈴木孝美◎著
定價280元

趣・手藝 20

初學者ok啦！一起來作36隻超
萌の串珠小鳥
市川ナヲミ◎著
定價280元

趣・手藝 21

超有雜貨FU！文具控&手作迷
一看就想刻のとみこ橡皮章：
手作創意明信片×包裝小物×
雜貨風袋物
とみこはん◎著
定價280元

趣・手藝 22

剪＋貼＋縫！88款不織布の季
節布置小物
BOUTIQUE-SHA◎著
定價280元

趣・手藝 23
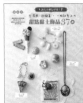
Bonjour！可愛喲！超簡單巴黎
風黏土小旅行：旅行×甜點×
娃娃×雜貨 女孩最愛的造型
黏土BOOK
蔡青芬◎著
定價320元

趣・手藝 24

macaron可愛進化！布作×刺
繡・手作56款超人氣花式馬卡
龍吊飾
BOUTIQUE-SHA◎著
定價280元

趣・手藝 25

「布」一樣的可愛！26個牛奶
盒作的布盒 完美收納紙膠帶&
桌上小物
BOUTIQUE-SHA◎著
定價280元

趣・手藝 26

So yummy！甜在心黏土蛋糕
揉一揉・捏一捏・我也是甜心
糕點大師！（暢銷新裝版）
幸福豆手創館（胡瑞娟 Regin）◎著
定價280元

趣・手藝 27

紙の創意！一起來作75道簡單
又好玩的摺紙甜點×料理
BOUTIQUE-SHA◎著
定價280元

趣・手藝 28

活用度100%！500枚橡皮章日日刻
BOUTIQUE-SHA◎著
定價280元

趣・手藝 29

nap's小可愛手作帖：小玩皮！
雜貨控的手縫皮革小物
長崎優子◎著
定價280元

趣・手藝 30

讓人的夢幻手作：光澤紙×超
凝真・一眼就愛上の甜點黏土
飾品37款（暢銷版）
河出書房新社編輯部◎著
定價300元

趣・手藝 31

心意・造型・色彩all in one
一次學會緞帶×紙張の包裝設
計24招！
長谷良子◎著
定價300元

趣・手藝 32

聖上女孩の優雅&浪漫
天然石×珍珠の結編飾品設計
69款
日本ヴォーグ社◎著
定價280元

趣・手藝 33

Party Time！女孩兒の可愛不織
布甜點家家酒：廚房用具×甜點
×麵包×Pizza×餐盒×套餐
BOUTIQUE-SHA◎著
定價280元

趣・手藝 34

動動手指就OK！三秒鐘・愛上
62枚可愛的摺紙小物
BOUTIQUE-SHA◎著
定價280元

趣・手藝 35

簡單好縫大成功！一次學會65
件超可愛皮小物×實用長夾
金澤明美◎著
定價320元

趣・手藝 36

超好玩＆超益智！趣味摺紙大
全集—完整收錄157件超人氣
摺紙動物＆紙玩具
主婦之友社◎授權
定價380元

趣・手藝 37

大日子×小手作！365天都能
送の祝福系手作黏土禮物提案
FUN送BEST60
幸福豆手創館（胡瑞娟 Regin）
師生合著
定價320元

趣・手藝 38

100%可愛の浮鵲裝飾！
手帳控＆卡片迷都想學の手縫
風文字圖繪750款
BOUTIQUE-SHA◎授權
定價280元

趣・手藝 39

不澆水！黏土作的啦！超可愛
多肉植物小花園：仿舊雜貨×
人氣配色×不凋花綠意 懶人在
家也能作の經典款多肉植物黏
土BEST25
蔡青芬◎著
定價350元

趣・手藝 40

簡單・好作の不織布換裝娃
娃時尚靓手作：4款風格娃娃
×80件魅力服裝＆配飾
BOUTIQUE-SHA◎授權
定價280元

趣・手藝 41

Q萌玩偶出沒注意！
輕鬆手作112隻療癒系の可愛不
織布動物
BOUTIQUE-SHA◎授權
定價280元

趣・手藝 42

【完整教學圖解】
摺×疊×剪×刻4步驟完成120
款美麗剪紙
BOUTIQUE-SHA◎授權
定價280元

趣・手藝 43

9 位人氣作家可愛發想大集合
每天都想使用的萬用橡皮章圖
案集
BOUTIQUE-SHA◎授權
定價280元

動物系人氣手作！
DOGS & CATS・可愛の掌心貓狗動物偶
須佐沙知子◎著
定價300元

初學者的第一本UV膠飾品教科書
從初學到進階！製作超人氣作品の完美小祕訣All in one！
熊崎堅一◎監修
定價350元

定食・麵包・拉麵・甜點・擬真度100%！輕鬆作の微型樹脂土美食76道
ちょび子◎著
定價320元

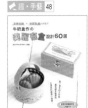

全齡OK！親子同樂魔力遊戲完全版・趣味翻花繩大全集
野口廣◎監修
主婦之友社◎授權
定價399元

牛奶盒作の！美麗布盒設計60選
清爽收納×空間點綴の好點子
BOUTIQUE-SHA◎授權
定價280元

CANDY COLOR TICKET
超可愛的糖果系透明樹脂x樹脂土甜點飾品
CANDY COLOR TICKET◎著
定價320元

原來是黏土！MARUGO的彩色多肉植物日記：自然素材・風格雜貨・造型盆器懶人在家也能作の經典多肉植物黏土ZAKKA 27
丸子（MARUGO）◎著
定價350元

Rose window美圖&透光：玫瑰窗對稱剪紙
平田朝子◎著
定價280元

玩黏土・作陶器！可愛北歐風別針77選
BOUTIQUE-SHA◎授權
定價280元

New Open・開心玩！開一間超人氣の不織布甜點屋
堀內さゆり◎著
定價280元

Paper・Flower・Gift：小清新生活美學・可愛の立體剪紙花飾四季帖
くまだまり◎著
定價280元

每日の趣味・剪開信封輕鬆作紙雜貨你一定會作的N個可愛版紙藝創作
宇田川一美◎著
定價280元

可愛限定！KIM'S 3D不織布動物遊樂園（暢銷精選版）
陳春金・KIM◎著
定價320元

家家酒開店指南：不織布の幸福料理日誌
BOUTIQUE-SHA◎授權
定價280元

花・葉・果實的立體刺繡書
以鐵絲勾勒輪廓，繡製出漸層色彩的立體花朵
アトリエ Fil◎著
定價280元

黏土×環氧樹脂、袖珍食物＆微型店舖230選
Plus 11間商店街店舖造景教學
大野幸子◎著
定價350元

雜貨迷超愛的木器彩繪練習本
20位人氣作家×5大季節主題，一本學會就上手
BOUTIQUE-SHA◎授權
定價350元

不織布Q手作：超萌狗狗總動員！
陳春金・KIM◎著
定價350元

晶瑩剔透超美的！繽紛飾品創作集
一本OK！完整學會熱縮片的著色・造型・應用技巧……
NanaAkua◎著
定價350元

開心玩黏土！MARUGO彩色多肉植物日記2
懶人派經典多肉植物＆盆組小花園
丸子（MARUGO）◎著
定價350元

一學就會の立體浮雕刺繡圖案集
Stumpwork基礎實作：填充物＋懸浮式技巧全圖解公開！
アトリエ Fil◎著
定價320元

家用烤箱OK！一試就會作的陶土胸針&造型小物
BOUTIQUE-SHA◎授權
定價280元

從可愛小圖開始學縫十字繡
格子×玩填色×特色圖案900+
大圖まこと◎著
定價280元

超質感・細緻又可愛的UV膠飾品Best37：開心玩×簡單作・手作女孩的加分飾品不NG初挑戰！
張家慧◎著
定價320元

清新・自然～刺繡人最愛的花草模樣手繡帖
點與線模樣製作所・岡理惠子◎著
定價320元

好想抱一下的軟QQ襪子娃娃
陳春金・KIM◎著
定價350元

袖珍屋的料理廚房：黏土作の迷你人氣甜點＆美食best82
ちょび子◎著
定價320元

可愛北歐風の小巾刺繡：47個簡單好作的日常小物
BOUTIUQE-SHA◎授權
定價280元

不能吃の～袖珍模型麵包雜貨：聞得到麵包香喔！不玩黏土，揉麵糰！
ぱんころもち・カリーノぱん◎合著
定價280元

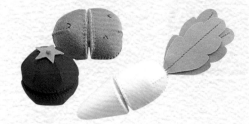